ZUI XINXIAN DE BAIKE ZHISHI
最新鲜的百科知识

QIANSUOWEIYOU DE
XIANGXIANGLI JIFA FANGSHI
前所未有的想象力激发方式

ZUI KUXUAN DE TANMI XINXI
最酷炫的探秘信息

酷科普 · 发现从这里开始

Haiyang Dongwu Dalieqi

FAXIAN CONG ZHELI KAISHI

KUKEPU

海洋动物大猎奇

刘怀景 编著

中国出版集团
现代出版社

图书在版编目（CIP）数据

海洋动物大猎奇 / 刘怀景编著 . —北京：现代出版社，2012.12（2024.1）
ISBN 978 – 7 – 5143 – 0794 – 8

Ⅰ . ①海… Ⅱ . ①刘… Ⅲ . ①水生动物 – 海洋生物 – 青年读物②水生动物 – 海洋生物 – 少年读物
Ⅳ . ① Q958.885.3 – 49

中国版本图书馆 CIP 数据核字（2012）第 285558 号

海洋动物大猎奇

编　　著　刘怀景
责任编辑　张红红
出版发行　现代出版社
地　　址　北京市安定门外安华里 504 号
邮政编码　100011
电　　话　010 – 64267325　010 – 64245264（兼传真）
网　　址　www. 1980xd. com
电子信箱　xiandai@ vip. sina. com
印　　刷　三河市人民印务有限公司
开　　本　710mm × 1000mm　1/16
印　　张　14. 5
版　　次　2012 年 12 月第 1 版　2024 年 1 月第 9 次印刷
书　　号　ISBN 978 – 7 – 5143 – 0794 – 8
定　　价　59. 80 元

前言 PREFACE

海洋动物大猎奇

海洋，是人们神往的地方。自古以来，人们就将其冠名为生命的摇篮、风雨的故乡、资源的宝库、交通的要道，等等。海洋为人类生命的诞生和繁衍提供了必要的条件，并以它博大的胸怀哺育了人类，推动了人类社会和生产力的发展。几千年来，海洋中的生物资源，为人类提供了丰富、美味而健康的食物，时至今日，海洋中丰富多彩的生物群落，仍是馈赠给人类最丰厚的财富之一。人们说起海洋，首先想起和津津乐道的也是海洋中那千姿百态的各种鱼、虾、蟹、贝，光怪陆离的海底生物世界。表面一片空旷，甚至略显荒芜的海洋，其实是个熙熙攘攘、五彩斑斓的生命世界。从海洋中出现最原始的生命开始，到现在已有40多亿年的历史了。从最初的单细胞生物到地球上现存的最庞大动物，几十亿年的生命演化过程中创造出了丰富多彩的海洋生物世界。海洋，是地球上最复杂多样的生态系统。在过去100多年时间里，人类从海洋里捕捞了几十亿吨的海洋生物资源。同时，由于人类的贪婪与大意，也使不少海洋生物种类因为难以承载超强度的捕捞活动，而遭受生物数量减少、种群资源衰退的厄运，更有为数不少的种类包括箭鱼、鳕鱼、鲑鱼等已经灭绝或几近灭绝。如今，人类正面临着人口激增、资源短缺和环境恶化这三大危机。而占地球表面积 70.8% 的海洋空间以及其所蕴藏的丰富资源，将是人类社会缓解人口、资源和环境压力的重要途径。因此，可以说，21 世纪是海洋开发的世纪，人类将重返海洋，海洋是人类未来的生存空间。打开本书遨游海底世界你会有惊喜的发现！

CONTENTS 目录

海洋动物大猎奇

HAIYANG DONGWU DALIEQI

浑身长刺的棘皮动物

HAIYANG DONGWU DALIEQI

美丽的海星、多棘的海胆、长腕海蛇尾、如花的海百合、美味的海参……本章中分篇介绍了这些浑身长刺的棘皮动物。

美丽的海星

海星是海滨最常见的棘皮动物，外形似五角星，亦称星鱼，西方也称轮星鱼。海星体色鲜艳，多呈鲜红、深蓝、玫瑰色、橙色，还有的在粉红色的底色上点缀着紫色的虫纹状花纹和镶边，也有的在蓝色中有红斑和红边。海星的五个角称作腕，也有的种类腕不只5个，多者达26个。腕在中央的汇合处就是它的体盘。背面微微隆起，颜色深而鲜艳；腹面微下凹，是有口的一面，叫口面，色较淡。

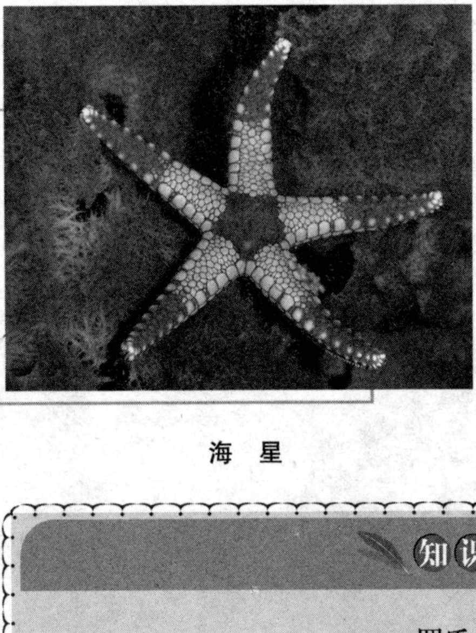

海 星

海星的种类很多，全世界有1600多种，我国沿海有50～60种。有五角星似的罗氏海盘车，凸起如帽的面包海星，皮棘如瘤的瘤海星，生有镶边的砂海星，腕短而色蓝的海燕海星，腕细如爪的鸡爪海星和状如荷叶的荷叶海星等。多数都不甚大，直径10～25厘米，也有少数种直径可达1米。

知识小链接

罗氏海盘车

罗氏海盘车，海星纲，海盘车科。俗名“海五星”。上缘板具棘3个，下缘板具棘2个。以贝类为食，对贝类养殖业有害。中国沿海均有分布。干制品可做中药材，也可用作饲料或肥料。形态特征：腕5个或6个，有些属腕很多。反口面骨板不规则，结合为网目状，简单，在腕上常排成稍规则的纵行。叉棘多而发达，管足4行，具吸盘。

海星每条腕的腹面中央各有一条沟，沟内有许多管足，末端有吸盘，数目很多，成百上千，里面充满液体，全身相通，形成一个复杂的水管系统。靠水压的作用使管足蠕动而产生运动，在海底每分钟可缓慢地爬行10厘米，最快20厘米。海星吸附在岩石上时，将管足内的液体排到专门的囊中，使管足内部形成真空，所以吸附得非常牢固，即使狂风巨浪也奈何不了它。当海星需要活动时，液体再流回到短足中，身体就可以自由活动了。每个管足都有神经纤维控制，靠肌肉的局部收缩或舒张，能使海星沿360°的弧自由活动。海星的腕上分布有感觉细胞，能接受外界的信息。它的五只腕动作并不完全一致，其中有一只腕特别活跃，不停地伸缩，有人认为这只腕起着头的作用，支配其他器官；一旦这只腕被砍掉，会有另一只腕取代其作用。平时海星总是腹面着地慢慢活动，捕捉食物或逃避敌害。五条水管汇合之处就是海星的口。

广角镜

神经纤维

神经纤维由神经元的轴突构成。由神经元的轴突或长的树突以及包裹在轴突外的髓鞘构成有髓鞘纤维。还有一种无髓鞘纤维，仅由神经元的轴突和树突二者构成。髓鞘绝缘性很高，有规则地分节段地形成。按传导兴奋的方向不同，又可把神经纤维分为两类：一类是把兴奋从外周传向脑、脊髓的传入神经纤维，也叫感觉神经纤维；另一类是把兴奋从脑、脊髓传向外周的传出神经纤维，又叫运动神经纤维。

海星貌似温文尔雅，实则不少种都是凶猛的肉食者

海星貌似温文尔雅，实则不少种都是凶猛的肉食者。它们捕食温顺的贝，游动的小鱼，美丽的珊瑚和多刺的海胆等。海星的食量很大，一只海盘车幼体一天吃的食物量相当本身重量的一半

多，因此它们相当贪婪。一旦发现蛤等猎物，就用活动的腕将其捉住，并调整蛤的位置，使它壳顶朝下，腹缘朝上，然后用强有力的腕和管足将壳打开，将胃翻出来，伸进蛤壳内，安静地美餐以后，再把胃拉回体内。虽然蛤的强有力的闭壳肌能使双壳紧闭，以保护自己，但海星的拉力更大，一只直径22.5厘米的海盘车就有40～504牛顿的拉力，且能坚持6个小时之久。海星的耐力也相当惊人，据实验，一只直径40多厘米的海星，用两夜一天的时间将一只需要50牛顿的拉力才能打开的模拟蛤打开了，而且只要把蛤的双壳拉开几毫米就可以了，因为海星的胃能从直径0.2毫米的小孔里钻进去取食。所以一般贝类一旦被海星捕获就难逃灭顶之灾，即使一时不能将贝壳打开，海星也会将贝类紧紧围住使它窒息而死。海星是贝类养殖的大害。海星肛门很小，不能消化的残渣大多经口排出。

长有15～21个腕的浅绿色棘冠海星专以美丽的珊瑚为食。一只直径不过60厘米的海星，一个月就要吃掉1立方米的造礁珊瑚。世界上已有10%左右的珊瑚环礁被海星毁灭了。澳大利亚库克敦和汤斯维尔之间的120个大珊瑚礁，也已有90%被它毁灭。这说明棘冠海星的破坏性相当大。

海星有很强的再生能力

渔民对海星无不深恶痛绝，每遇之必手撕刀砍，将其大解八块，再投弃大海，满以为这可以将其置于死地。谁知这会事与愿违。海星有很强的再生能力，无论被砍去一条腕或被其他动物咬掉一只腕，不久它都会生出新腕。再生能力很强的砂海星，只要有1厘米长的腕就会长成一个完整的新海星，这就等于说将它砍成几块，就帮它新添几个新成员。只有将它放在陆地上晒干沤肥才可使它永不能复活。

海星为什么会有这种魔术般的再生能力？科学家发现，当海星受伤时，后备细胞就被激活了，这些细胞中包含身体所失部分的全部基因，并和其他组织合作，重新生出失去的腕或其他部分。一般说生物越简单再生能力就越强，研究海星的再生能力，对研究人体组织的再生会有很大启迪。

当然海星并非被人或其他动物撕成小块后靠再生能力产生新个体，而是以有性繁殖增加它新一代的成员。在繁殖季节，雌海星腹面朝上，用腕的末端吸附在岩礁的底或侧面，体盘突起，形成一个小小的“筐”，卵就产在筐里。附近雄海星排出的精子顺水进入筐内，与卵子结合形成合子，从此，雌海星开始了为期 2 个月的孵化过程，身体的轻微活动主要为保持筐内的水质清洁和通气。刚孵出的海星叫短腕幼虫，只有三个黏着的腕，以后经过变态出现 5 个突起，再逐渐变成五个腕，孵化两个月后小海星就可以到处活动了。此时雌海星才得以“翻身”，恢复口面朝下的正常姿态，但仍和小海星呆在一起。几天以后，长到 1 毫米的小海星更为活跃，都纷纷离“巢”各自开创自己的天下去了。

五角海星

基本小知识

有性繁殖

英文名：sexual propagation，又称种子繁殖法，是利用雌雄受粉相交而结成种子来繁殖后代的方法，也是人类的正常繁殖方法。由亲本产生的有性生殖细胞（配子），经过两性生殖细胞（例如精子和卵细胞）的结合，成为受精卵，再由受精卵发育成为新的个体的生殖方式，叫作有性繁殖。

海星也并非一点用处也没有，可以用它沤肥或加工成粉状饲料。近来用其腕内的卵加工成海星黄罐头，营养价值很高，含蛋白质 15.92%，脂肪 11.13%。海星所含的二十五碳五烯酸等成分对高血脂症及心脑血管病患者有一定疗效。用海星幽门盲囊加工成的海星酱，可称得上色、味、营养俱全。

多棘的海胆

海胆，像略扁的圆球，又像盘、像心、像饼干，浑身长刺，活像一个带刺的紫色仙人球，俗称海刺猬或刺锅子。全世界有 850 多种，我国沿海有 100 多种，常见的如马粪海胆、大连紫海胆、心形海胆、刻肋海胆等。它们喜栖息在暖水区域，海藻丛生的潮间带以下的海区，躲在石缝中、礁石间、泥沙中或珊瑚礁中。海胆的整个身体被关闭在坚硬的上千片整齐排列的石灰质骨壳中，以身外向四周突起的许多棘刺防御敌害。它们安静地生活在海底，昼伏夜出，五行细微透明的管足由壳上的小孔伸出来，沿着海底缓慢地爬行，如心形海胆每小时可移动 8 厘米，口部朝下觅食各种藻类或浮游生物。民间有一谜语称："身披褐针毯，貌奇甚小胆，遇到敌害来，慌忙把身潜。"反映出海胆的特性。

海　胆

海胆的棘有长有短，有尖有钝，种类不同，棘的结构也不一样。海南岛珊瑚礁中盛产一种石笔海胆，状如盛开的花，俗称烟嘴海胆，因其棘甚粗壮，可做烟嘴用。有的种类棘甚长，可达 20 多厘米。

生长3年的海胆达到了它的成熟阶段，开始履行繁殖后代的重任。它们是群居性动物，一旦有一只海胆把生殖细胞，无论精子或卵子排到水里，就会像广播一样把信息传给附近的每一个海胆，刺激这一区域所有成熟的海胆都排精或排卵。这种习性被人形容为生殖传染病。海胆的繁殖能力相当惊人，一只成熟的雌海胆能产4亿个卵，雄海胆能排上千亿精子。卵子在水中受精后成为合子，像浮游生物一样随水漂动，几天以后发育成早期长腕幼虫，有着长长的纤毛状腕，用来运动和捕捉浮游植物吃；经过几天或几个月，不同的种时间长短不同，变态发育成后期长腕幼虫，长腕渐被身体吸收，以后发育成幼海胆，只有1毫米大，有少数棘和管足，但它生长发育很快，不久就发育得像一个成体海胆的雏形了。

拓展思考

生殖细胞

生殖细胞（germ cell）是多细胞生物体内能繁殖后代的细胞的总称，包括从原始生殖细胞直到最终已分化的生殖细胞。此术语由A. 恩格勒和K. 普兰特尔于1897年提出以与体细胞相区别。体细胞最终都会死亡，只有生殖细胞有延存至下代的机会。物种主要依靠生殖细胞而延续和繁衍。长期的自然选择使每一种生物的结构都为其生殖细胞的存活提供最好的条件。

海胆棘有毒

海胆是雌雄异体。虽然雌海胆能终年怀卵，一年产卵数次，但以夏秋季节生殖腺最成熟饱满，生殖腺在壳里排列成五角星形，这是可供人们食用的美味食品，尤以马粪海胆、光棘球海胆和大连紫海胆的生殖腺为佳，称作海胆黄或海胆膏。

海胆的再生能力也很强

海胆黄约占海胆全身重量的 8% ~ 15%，每 100 克海胆黄含 41 克蛋白质，32.7 克脂肪及大量维生素 A、D，多种氨基酸等，营养丰富。日本、地中海沿海地区和南美等地习惯用海胆卵制成海胆酱，在国际市场上一吨海胆酱价值一两万美元。在日本每千克海胆卵约值 5000 日元，价值居海产品之冠。海胆卵可用做实验生物学的材料。有人将海胆卵放到宇宙飞船上去太空遨游，以探索宇宙射线及宇宙空间对有机体的影响。海胆还有广泛的药用价值。当然并非所有海胆都是美味佳肴，能吃的仅 10 多种。还有一些海胆棘有毒，如环刺海胆等，人若不慎被刺，会引起皮肤红肿、心跳加快、全身痉挛等，需加注意。

知识小链接

雌雄异体

雌雄异体，同种动物雌雄生殖器官分别生在不同个体内的现象，叫作雌雄异体。水母、血吸虫和乌贼等，是雌雄异体动物，一般脊椎动物都是雌雄异体动物。雌雄异体生物，是由雌雄同体生物通过交换性染色体，或性染色体的性基因产生异化，随交换或异化的时间不同，性染色体的性基因数量不同，环境条件不同，采用不同的方式，经过五个途径，演变为 X2，X2A，X2Y，Y2A，Y2X1 型生物，由雌雄同体生物进化为雌雄异体生物，是生物进化史上的第四次大飞跃，推动生物向更高阶段进化，带来生物界的更大繁荣。

尽管海胆浑身有刺，但有些海洋动物例如绿鳞鲀还是愿意以海胆为食。这种鱼只有 26 厘米长，口很小。吻颇钝，上下颌各有 8 个门齿状大牙，用以对付软体动物的坚硬部分和把大的食物切成小块吃，它的脸颊是粗糙的革质，可以抵御海胆的棘刺。在捕食时先是用口叼着海胆的一根棘，把它从海底提起来然后再扔下去。海胆一般是口面朝下的，但经鳞纯一提一扔，很容易将身体翻转过来，口面朝上，鳞纯立即咬住海胆柔软的口区，由外而内一口一口吃掉。一种嘴呈钳状的蝴蝶鱼有着长长的嘴巴，也很爱吃海胆。

海胆的再生能力也很强，无论棘刺断脱，外壳破损或其他外部器官伤残，它都能一一修复。

长腕海蛇尾

海蛇尾虽在外形上与海星相似，但它的腕更细长而易弯曲，且动作更为灵活，运动本领很强。海蛇尾沿着海底爬行时，有的腕前伸，有的腕随后，像蠕虫弯曲蠕动，又似蛇蜿蜒前行，因此取名海蛇尾。海蛇尾种类很多，有 2000 多种，是棘皮动物中种类最多的一个纲，如真蛇尾、筐蛇尾、阳遂足等。它们以海底淤泥中的有机碎屑为食。海蛇尾腕细而脆，受到攻击或感知有危险时，很容易将部分或整个腕断去，因此又称脆海星。它的再生能力比海星还强，也是对这一特征的适应，断去的腕可以长成新个体，失去腕的个体又可添新腕。

拓展思考

碎屑食性动物

碎屑食性动物是主要以腐烂破碎的动植物残体为食的动物。在陆生生物中，有蚁类、倍足类（如马陆、蜈蚣等）、等足类、蜗牛、蚯蚓等。北极雷鸟也经常以植物腐屑为食。水生生物有软体动物、线虫、猛水蚤类、草虾、螃蟹等。鲤科鱼既吃腐屑，也吃小的碎屑食性动物。由碎屑食性动物与其捕食者和更高捕食者构成的食物链为碎屑食性动物链或腐食食物链。该食物链在生态系统中占有重要地位。

海蛇尾

海蛇尾常有集群现象，如爱尔兰西海岸的脆刺蛇尾每平方米达1000个，我国黄海的紫蛇尾每平方米380个，数量相当大，而且这种现象可以维持较长时间，有人统计，甚至可以稳定20年。海蛇尾能活25年之久，可算得是长寿的了。

基本小知识

蛇尾纲

蛇尾纲是棘皮动物门中最大的一个成员，正式定名的蛇尾共有约2000种。这种海星属于Ophiothrix品系，这个品系有很多颜色和样式。这种海星橄榄绿色的圆盘，长长的多刺黄色的触手，带着白色或黑色的棘刺。

产自小岛群岛的碎石区域，可以充当水族箱中的清道夫。圆盘是暗棕色带茶色斑纹。触手很长，带淡或深的棕色条纹。触手也带有很多棘刺，帮助寻找食物。夜行，白天躲在岩石下面。

如花的海百合

海百合是棘皮动物中最古老的类型，全世界现有620多种，常分为有柄海百合和无柄海百合两大类。有柄海百合以长长的柄固着于深海底，那里没有风浪，不需要坚固的支柱。柄上有一个花托，包含了它所有的内部器官。它的口和肛门是朝上开的，这和其他棘皮动物有所不同。它那细细的腕由花托中伸出，腕由枝节构成，且能活动，侧面还有小枝，状如羽毛。腕像风车一样迎着水流，捕捉小动物为食。无柄海百合没有长长的柄，而是长有几条小根或腕，口和消化管亦位于花托状结构的中央，既可浮动又可固着在某处，浮动时腕收紧，停下来时就用腕固定在海藻或海底的其他物体上。腕的数量因种而异，最少的只有2条，最多的达200多条，由于每条腕两侧都生有小分枝，状如羽毛，所以无柄海百合又称海羊齿或羽星类。每条腕都有一条带沟，沿中央纵走，并有分枝通到两侧小枝，沟两侧是触手状管足，并有黏液分泌乳突。它是滤食者，捕食时将腕高高举起，浮游生物或其他悬浮有机物被管足捕捉后送入步带沟，然后被包上黏液送入口。在古代，海百合的种类是很多的，有5000多化石种，所以在地质学上有重要意义。有的石灰岩地层全部由海百合化石构成。

海百合

知识小链接

浮游生物

浮游生物（plankton），在海洋、湖泊及河川等水域的生物中，自身完全没有移动能力，或者有也非常弱，因而不能逆水流而动，而是浮在水面生活，这类生物总称为浮游生物。这是根据其生活方式的类型而划定的一种生态群。而不是生物种的划分概念。养过鱼的人都知道鱼吃鱼虫，去江河或池塘边玩的人都见过小虾，类似鱼虫和小虾这一类体型细小，大多数用肉眼看不见，悬浮在水层中切游动能力很差，主要受水流支配而移动的生物，称浮游生物。

美味的海参

海参是棘皮动物中经济价值最大的一纲，全世界有 900 多种，从浅海到 8000 多米的深海都有。我国海域中有 100 余种，北起渤海湾和辽东半岛，南到南沙群岛都有出产，特别是西沙群岛有 20 多种。世界上一些著名的种类我国都有，如全身黑色的黑乳海参，肉质较粗糙、泄殖腔中常有潜鱼共生的蛇目白尼参，身体短钝、背面光滑的辐肛参，长可达 1 米、宽 11 厘米、体大肉厚且很细嫩的梅花参，北方沿海盛产的刺参等。多数海参色褐或稍带绿，形似黄瓜，其英文名直译就叫海黄瓜。但也有的呈蠕虫状，有的似圆筒，还有的种类像胡萝卜。海参的身体柔软，状如蠕虫，前端为口，另一端为肛门，背面有几行不规则的小突起或刺。骨片不发达，微小的骨片和骨针多退化或埋于表皮之下。平时多栖于潮间带下部及潮下带的沉积物中，利用管足和肌肉的伸缩

拓展思考

泄殖腔

泄殖腔，也叫“共泄腔”，动物的消化管、输尿管和生殖管最末端汇合处的空腔，有排粪、尿和生殖等功能。蛔虫、轮虫、部分软骨鱼及两栖类、单孔类哺乳动物、鸟类和爬行类都具有这种器官，而圆口类、全头类（银鲛）、硬骨鱼和有胎盘哺乳类则是肠管单独以肛门开口于外，排泄与生殖管道汇入泄殖窦，以泄殖孔开口体外。

海　参

慢慢运动，以泥沙中的有机碎屑和微小生物如桡足类、放射虫为食。

白尼参

海参虽和海星同属一门，但比海星略显娇气些。它不能耐20℃以上的高温，但它也有对付的妙策——夏眠。每年小暑至寒露前后的相对漫长的日子里，水温超过20℃时，海参就悄然移向海的较深处，许多个体像患难与共的伙伴似的聚集在一起，潜伏在海底岩石下，仰面朝上，身体缩小，不吃也不动，进入夏眠状态。这样可降低代谢率，保存身体能量，渡过难关。当水温降低到20℃以下时，它们从沉睡中清醒过来，恢复往常的活力。但温度太低了也不行，低于3℃它们也停止摄食，一年中也就有半年时间可以正常摄食生长。海参和海星一样有很强的再生能力，即使把它的身体切成两三段放回海中，每一段都会再生成一个完整的海参。海参还有一个高招是海星所没有的，当遇到敌害或受到强烈刺激或海水污染等极恶劣环境时，它会把装满淤泥的内脏从肛门或口中强力地排出体外，抛向并迷惑敌人，自己趁机逃脱。以后用不了两个月又会慢慢生出新的内脏来。这种现象称作排脏现象。还有的海参如锚海参，在环境恶化时能自己把身体切成数段，条件好转时再生出失去的部分。与潜鱼共生的蛇目白尼参，愿意让潜鱼以其体腔为家，自由地出出入入。潜鱼白天藏于海参体内休息，晚上出来觅食。这种鱼身体细长，没有腹鳍，以尾部先行，对海参无

海参虽和海星同属一门，但比海星略显娇气些

害。有时一对雌雄潜鱼同居于一只海参体内。

全世界可食用的海参有 40 多种。我国海域有 20 多种，以北方刺参品质为最佳。海参肉质酥脆、香软滑润，含高蛋白、低脂肪，不含胆固醇，营养丰富且味道鲜美。

基本小知识

锚参科

锚参科（Synaptidae）是海参纲无足目的 1 科。

通称锚参。体细长，呈蠕虫状，体壁薄，常透明，体表光滑，没有疣足或管足，触手羽状或指状。石灰环辐片常穿孔，间辐片常多于 5 个，体壁内有叶纤毛漏斗，无居维氏器。体腔内有锚状体骨片。一个锚状体由锚和锚板两部分关节构成。

锚参是热带和亚热带海洋常见的棘皮动物。多数分布在浅海，埋栖于沙底或沙泥底，有的钻在碎石底下的砂内，有的隐藏在珊瑚枝下或缠在海绵上，少数种能生活在盐度低的红树沼泽区内。

五光十色的贝类

HAIYANG DONGWU DALIEQI

小时候最喜欢在海边捡贝壳，可是，你知道这些贝壳的分类和分布吗？本章中讲解了贝壳的分布带，还有鲍鱼红螺，当然，还有那孕育珍珠的珍珠贝，一起来阅读吧。

打开贝壳一观

瓣鳃类扇贝以其鳃呈瓣状而得名，全世界有1.5万多种，大都为海产。它们的外壳是两片或两扇，所以又称双壳类，主要栖于浅海，少数种也见于万米深海之中。在泥泞的海涂，在沙质海滩，在岸边的礁石上，在浅海的海底可常见其踪影。它们的足很发达，向腹面渐薄，状如斧头，称斧状足，所以它们又名“斧足类”。它们用斧状足挖开海底泥沙，将自己的身体隐于其内，只把出水管和入水管伸出泥沙之外。海水通过入水管吸入体内，吸收其中的氧气，用过滤的方式滤食水中的微小生物，然后通过出水管排出体外。它们的过滤效率很高，长5~6厘米的贻贝每小时就能过滤3升水。若受到刺激，它们会把体内的水猛地排出来，犹如一股股喷泉。因它们的头经常躲在贝壳里不外露，渐渐退化了，所以又叫“无头类”。

> **趣味点击　海　涂**
>
> 海涂，淤泥质海岸潮间浅滩。平均大潮高潮位至平均大潮低潮位之间的泥滩。沙质海岸的潮间浅滩称海滩。二者的动力作用、物质组成、形成与演化过程均不相同，开发与利用也各异。海涂地段海水活动频繁，侵蚀、淤积变化复杂。一般为几千米，最宽的可超过10千米。一些海岸带由于河流挟带泥沙入海，每年海涂都有自然增长。

扇　贝

若把两扇贝壳打开来，取右半壳来看，最上方是壳顶，是整个贝壳的起始点，相当于旧瓦房屋顶上的瓦垄，也是其背部的标志。壳顶之下有一块肌肉称蝶绞韧带，两片贝壳就靠它连在一起，也控制着它们的开和闭。在韧带的下方是一些突起，称绞合齿，和另一半壳上的凹凸相嵌和，它的作用是当两壳合闭时，能闭得紧密，不至发生两壳错位。这对它挖洞或遭捕食者攻击时是至关重要的，因为两壳严密紧闭是最有效的防御。壳内的4个卵形斑是闭壳肌附着的位置，从贝的横切面上看，闭壳肌和韧带的作用是相辅相成的。闭壳肌收缩，将两壳拉进，腹足缩人壳内，壳就紧闭起来，此时韧带舒张；当闭壳肌舒张时，韧带上部收缩，使两壳张开。贝类的闭壳肌是很重要的食品，例如扇贝的闭壳肌干制品是有名的干贝，又称扇贝柱。

红扇贝

再看一下扇贝内脏器官，从图中看，闭壳肌清晰可见，出水管和入水管伸出壳外，壳内与外套膜相连，当中是两叶大鳃和一叶较小的唇瓣。鳃的下方就是很大的足。箭头则表示水流的方向。鳃上有一层极小的像头发一样的突起，称纤毛。纤毛有规律地摆动就形成水流。水流经鳃时，浮游植物等小型食物颗粒就被过滤下来，由黏液带上的特殊纤毛送至唇须下方的口里，不能吃的大颗粒先放在鳃下方暂存，定期排出体外。

知识小链接

浮游植物

浮游植物（phytoplankton）是一个生态学概念，是指在水中营浮游生活的微小植物，通常浮游植物就是指浮游藻类，包括蓝藻门（Cyanophyta）、绿藻门（Chlorophyta）、硅藻门（Bacillariophyta）、金藻门（Chrysophyta）、黄藻门（Xanthophyta）、甲藻门（Pyrrophyta）、隐藻门（Cryptorhyta）和裸藻门（Euglenophyta）八个门类的浮游种类。

三个分布带

许多双壳类动物营固着生活，它们用足底的腺体分泌的足丝将自己牢牢地固着在坚硬的岩石上、木桩上或其他物体上。数量多时往往密密麻麻簇拥在一起，在1平方米内可以有上千个个体，甚至重重叠叠达四五层之多，用比肩继踵来形容或许还不足以说明它的密度。双壳类动物在潮间带形成三个明显的分布带。贻贝常常是处在最上的即第一个分布带，而其他双壳类动物则往下形成第二、第三个分布带。

> **你知道吗**
>
> **无氧代谢**
>
> 无氧代谢是肌肉剧烈运动时氧供应满足不了需要，肌肉即利用三磷酸腺苷（ATP）、磷酸肌酸（CP）的无氧分解和糖的无氧酵解生成乳酸，释放出能量，再合成三磷酸腺苷供给肌肉需要的一种代谢过程。无氧代谢是指肌肉里糖的分解和释放能量有无氧的参与。人一旦运动，体内预存的热能物质ATP（三磷酸腺苷）只够用15秒的，跑完100米就用完了，再继续跑，氧在血管里的运行一时跟不上，血糖就必须在无氧状态下，迅速合成新的ATP来供能。

贻贝常以过滤的方式滤取水中的浮游藻类和其他小型有机颗粒为食。由于它身处潮间带区域，在每天两次落潮时就会暴露在空气之中，不得不紧闭双壳，忍受着无水的煎熬，少活动，少消耗，少排泄，必要时还必须在短时间内进行无氧代谢。待涨潮之后，犹如久旱逢甘霖的禾苗一样，沐浴在海水之中，又恢复勃勃生机。贻贝的肉味鲜美，营养价值很高，素有海中鸡蛋的美誉，古时有东海夫人之称，北方俗称海红，其干制品称淡菜。别看它身体不大，但寿命可不短，能活10多年。现人工繁殖已很普遍。

潮间带的第二个分布带主要由牡蛎、石牡蛎和其他一些营固着生活的贝类组成。全世界400多种牡蛎中，有20多种在我国海域安家，如近江牡蛎、长牡蛎、褶牡蛎、大连牡蛎等。它们虽有两壳，但两壳不对称，左壳又大又凹，用来固定在岩石等地基上；右壳小而平。它一旦附着在哪里就终生不离不弃。牡蛎需要过滤大量的海水来获得食物，但它没有出入水管，水流入外套腔经过鳃时才边摄食边呼吸，很强的过滤本领确保了它能饱食终日。一个肉重20克的牡蛎每小时能过滤8～22升海水，快者达31～34升。发育成熟的牡蛎都把精子和卵子排到水里，进行体外受精。一个雌体15分钟能产出数千万粒卵，多者达1亿粒，可称得上是高产户了。受精卵经过一分为二、二分为四……地分裂，发展成幼虫，其形象和成体相比相去甚远，取名担轮幼虫，以后又长成面盘幼虫。此时虽有两片壳，但长得不完全，似“衣不遮体”，借纤毛的摆动可以自由游动，以浮游生物为食。度过约半个月的短暂而自由的漂泊生活以后，长出了足，用足部到处试探着寻找适宜的安身之地。它们喜欢坚硬的地方，无论是岩石还是牡蛎空壳都可以。一旦找到适宜之处，就从与足部相连的腺体里分泌出黏结物，将左壳固定在那里，“拴住”自己，永不离弃。固着以后它们就迅速生长，面盘消失了，足退化了，鳃发达了，壳增大了，固着后的3周内身体可增大30倍。

夏贻贝

牡蛎的另一个有趣之处是性别可随环境而改变，目前若是雌的，产卵之后就可能变成雄的，以后可能又变成雌的，这种转变过程三周内就能完成。既可体验做妈妈的辛苦，又可承担当爸爸的责任。一生中性别可以改变一次或数次，但不能同时为雌雄。牡蛎较长寿，能活20年到30年，与其身体大小相比也称得上是个老寿星了。

牡蛎俗称海蛎子，又叫蚝、蛎黄，其肉鲜美，营养丰富，有海中牛奶的

海蛎子

美称，不仅能烹食，还能生吃。常见海边采集牡蛎的人，不时把采得的牡蛎随手往嘴里一丢，还未下锅却早已入肚了，令人看得眼馋。

据说罗马人是最早采食牡蛎的人，罗马哲学家赛尼卡平均一周吃1200个牡蛎。普鲁士的雷德里克、路易十四等王宫贵族也爱吃牡蛎，拿破仑在大战之前总要狼吞虎咽地吃下一两盘牡蛎。罗马人认为长期食用牡蛎能壮阳补肾，所以在定期的晚宴上每人要吃50只牡蛎。

第三个分布带是钻穴而栖息的贝类。它们或是以柔克刚，靠柔软而扁平的腹足表面分泌的酸将钙质岩石溶出洞穴；或是以硬碰硬，靠壳的特化部分用机械方法挖出洞来。前者如海笋，能把防波堤上坚硬的石头钻得千疮百孔，甚至状如蜂窝，自己藏身洞内，把长长的水管从洞里伸出来捕捉食物；后者如船蛆，在木船上、码头的木桩上、海里的渔网支架上钻洞挖穴，安家落户，对木材的破坏力相当大。

双壳类不仅在潮间带有，在浅海和深海底都有。著名的有扇贝、蚶、杂色蛤、文蛤、西施舌、砗磲等。扇贝外形似扇，有着美丽的橘红、杏黄或棕褐色，间有漂亮的花纹，壳面还有同心圆状的生长线。我国海域有30多种扇贝，占世界300多种扇贝的10%，如栉孔扇贝等，是著名的海味佳品。我国蚶类有30多种，如泥蚶、毛蚶、魁蚶

栉孔扇贝

等，大者可达0.5千克，长14厘米。蚶类也是栖于潮间带的软滩之中，张开双壳，利用纤毛的活动，滤食水中的植物碎屑和浮游硅藻。1988年上海虽因食用不洁毛蚶而引发甲型肝炎，使它的声誉一度欠佳，但仍不改其为重要的海味佳品。

蛏亦是重要的贝类，清代司马正《澎湖》一诗中称："蛏含玉舌名西子，蚌吸冰轮养绿珠。"将蛏比作我国历史上的美女，即春秋时代的西施。

砗磲是贝类的一种，在大小上堪称贝类之冠，贝壳长者达2米之多，重达250多千克。壳的外表面有一道道沟，呈放射状排列，其状如古代车辙，故古称车渠，后人在车渠旁加石字，以示贝壳坚硬如石，故称砗磲。宋代沈括在《梦溪笔谈》中称："海物有车渠，蛤属也，大者如箕。背有渠垄如蚶壳，故以为器，致如白玉，生南海。"全世界有6种砗磲，分布于南海及印度尼西亚、澳大利亚北部等热带海域有珊瑚礁的浅水环境。生活时将贝壳半埋在珊瑚群中，张开双壳，伸出肥厚的蓝色、粉红色或紫色、翠绿色的外套膜进行活动。当它张开双壳摄取

拓展思考

硅　藻

硅藻是一类具有色素体的单细胞植物，常由几个或很多细胞个体连结成各式各样的群体。硅藻的形态多种多样。硅藻常用一分为二的繁殖方法产生。分裂之后，在原来的壳里，各产生一个新的下壳。盒面和盒底分别名为上、下壳面。壳面弯伸部分名壳套。上下壳套向中间伸展部分，称相连带。

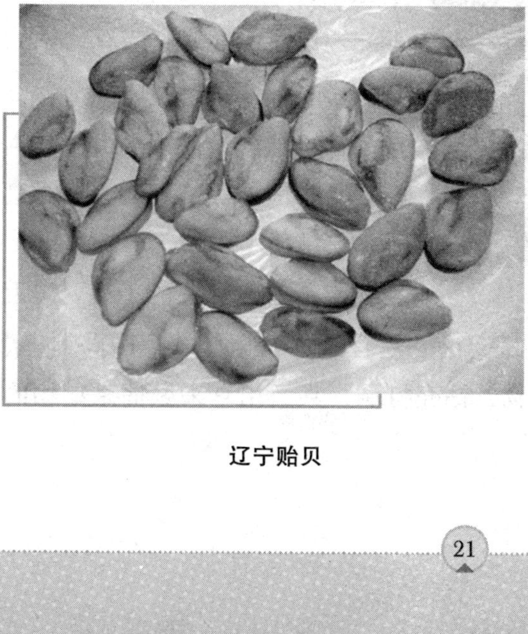

辽宁贻贝

食物时，潜水人员若不慎把脚伸进去，它把壳一关，人就难以自拔了。砗磲的肉可食，其闭壳肌干品称蚵筋，为名贵海味，国际市场上供不应求。砗磲贝壳的用处很大，既可做小儿沐浴的澡盆，又可做养猪的食盆，还有的把它视为神圣的上品，放在教堂做圣水盆。砗磲多彩的外套膜可做装饰品，是古代七宝（金、银、琉璃、砗磲、玛瑙、珊瑚、珍珠）之一。它还可入药，能安神镇痛，解诸毒药及虫螫。砗磲的寿命很长，能活百岁，甚至数百岁。

软中有硬谈齿舌

腹足类以其身体腹面的足甚发达而得名。单一的贝壳呈螺旋状生长，所以也统称螺类，或与双壳类相对应称单壳类。种类很多，有8.8万多种，当然并不都是海产。常见的红螺，著名的鲍鱼，以及形形色色的宝贝都是属于这一类。由于贝壳呈螺旋状卷曲，将其身体右半部的器官挤压得不甚发达，只留下左侧一个鳃，一个心房，一个肾脏，但头部很发达，有眼睛，有口和触角。靠发达的腹足可以在海底爬行。有些软体动物有一个在动物界中独一无二的结构，那就是齿舌。齿舌基本上是一个能弯曲的锉刀，除了过滤取食的类型外，其他软体动物都用齿舌作为取食的工具。齿舌还有多种功能，如用来刮取地基、抓住和撕咬食物、抓住和吮吸食物、钻壳打洞，甚至用它来做捕杀猎物的“鱼叉”。

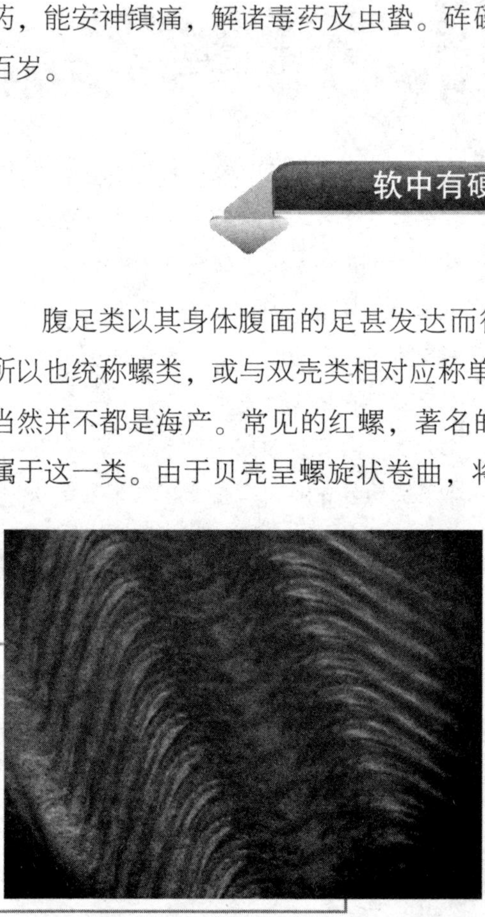

显微镜下的田螺的齿舌

齿舌的基本结构是一条坚韧的带状膜，上面横向排列着一行行锯状齿。齿由蛋白质和称作几丁质的物质构成，质地坚硬。齿位于口中，平时保存在齿舌囊内，免得尖尖的齿伤着自己的口。取食时靠特殊的肌肉和软骨操纵，将齿舌从囊内拉出来贴到食物上。齿舌附着在齿舌软骨上，齿舌的上下两端各附有一块肌肉，下端肌肉收缩时，把齿舌往下拉并绕过软骨往后延伸，使齿舌正好靠到要吃的食物或地基上。在摩擦力的作用下，贴在食物上的齿就竖起来，由于齿端尖锐，上端肌肉一收缩，将齿舌往上一拉，食物就被切割下来，然后送入口吞咽下去。齿舌一拉一放，就像一把能弯曲的锉刀，将食物一块一块切割下来，效率很高。齿舌的齿能终生不断补充，前方的齿磨损后，被吸收，在后方增生的几行新齿就往前补充。

拓展思考

蛋白质

蛋白质（protein）是生命的物质基础，没有蛋白质就没有生命。因此，它是与生命及与各种形式的生命活动紧密联系在一起的物质。机体中的每一个细胞和所有重要组成部分都有蛋白质参与。蛋白质占人体重量的16%～20%，即一个60kg重的成年人其体内约有蛋白质9.6～12kg。人体内蛋白质的种类很多，性质、功能各异，但都是由20多种氨基酸按不同比例组合而成的，并在体内不断进行代谢与更新。

齿舌上的齿，其数目、大小和形状与动物的食性密切相关。草食者小而多，肉食者大而少。如鲍鱼是草食性的动物，齿舌小，每一横列齿有若干个，中央和两侧的齿都是尖锐的钩状，用来切割海藻叶片，边缘的许多小齿像扫帚一样，把切下来的食物碎片扫进口里。红螺是肉食性的，它的齿舌每一横列只有3个齿，中央齿甚大，且有3个长而尖锐的切缘，用来钻开其他贝类的硬壳。它先用特殊的唾液腺体分泌的酸将猎物的贝壳软化，再用中央齿钻洞，两个侧齿成钩状，以和中央齿成直角的方向向外伸，就像挂肉的钩子一样，一旦在猎物的壳上打开一个小孔，侧齿就紧紧钩住并将猎物的身体组织一片一片往外拉，2 毫米厚的贝壳用将近 8 个小时就能钻透。

基本小知识

腺 体

腺体，指动物机体能够产生特殊物质的组织，这种物质主要为激素（荷尔蒙），激素通过血液输送到体内或外分泌腺。“腺体”的归类方式很多，可以依照组织所在部位、功能（作用）划分，解剖学和生理学上归类不完全相同。人或脊椎动物口腔内分泌唾液的腺体。人或哺乳动物有三对较大的唾液腺，即腮腺、颌下腺和舌下腺，另外还有许多小的唾液腺。也叫唾腺。口腔内有大、小两种唾液腺。

芋螺是用齿舌做“鱼叉”来处死猎物的。芋螺在热带和亚热带近海数量很多，大小从 2～25 厘米不等，因种而异。芋螺以各种动物为食，从多毛类蠕虫到小型鱼类，连游泳迅速的鱼都能捕得到，实在是不可思议。芋螺的一根特化的矢舌，状若鱼叉，尖端有矛状的倒刺，当中有一条纵沟，在齿囊附近有速效毒腺。当猎物游过时，矢舌渐向猎物延伸，到能击中目标的距离时，靠特殊的肌肉收缩，将矢舌突然射向猎物，并注射毒液，猎物很快中毒而失去活动能力，然后芋螺能膨大到惊人的程度将鱼囫囵吞下去。这种能捕鱼的毒螺对人也有潜在的危险。

美味的鲍鱼与红螺

鲍鱼被列为海味八珍之冠，足见它的名贵程度。其实它是软体动物腹足类的一种，其贝壳状如人耳，故又有海耳之称。全世界约有 90 多种鲍鱼，我国常见的有皱纹盘鲍、杂色鲍等共 6 种。鲍鱼以肥厚的腹足附地而行。喜栖于水深 15～30 米水流湍急、海藻丛生的岩礁地带，昼伏夜出，以 50 厘米每分钟的速度缓慢爬行，觅食藻类为生，尤喜吃褐藻或红藻。若遇敌害，则把身体紧缩在贝壳之下，足牢牢吸附在岩石上，一只15厘米长的个体就有约2000牛顿的吸力。所以要采鲍鱼，必须趁其不备迅速将它抓起来或将它翻过来。明代医药学家李时珍对此有生动的描述：“海人泅水，乘其不备，即易得之，否则，粘连难脱也。”鲍鱼营养丰富，干品中含蛋白40%，糖33.7%，味道鲜而不腻，清香鲜嫩，妙不可言。鲍鱼壳古代称石决明，因其能入药，医治眼病，故又称千里光。鲍鱼因其壳有九孔，又有九孔螺之称，是重要的养殖对象。

鲍 鱼

鲍鱼经过2—5年的生长发育以后，先后达到性成熟阶段。鲍鱼的生殖和前述的双壳类很相似。它是雌雄异体，卵子在水中受精。受精卵也是先发育成担轮幼虫，再成面盘幼虫。但和双壳类有所不同，鲍鱼的面盘幼虫有一个典型的蜗牛似的螺旋状壳。经过几周以后，受到某些藻类放出的化学物质的刺激，鲍鱼的面盘幼虫就在那里的岩石表面停止了脚步，这意味着那里有了它爱吃的食物。

红 螺

红螺是生活在浅海泥沙滩上的常见的腹足类。贝壳坚厚而高大，表面有一道道棱，往往还有棘，内面光滑而成橘红色，因此而得名。红螺肉肥厚而鲜美，尤以足部为最好，用来炖肉或切成薄片加各种佐料吃更佳。红螺壳是人们喜爱的收藏品，常留作海滨游览的纪念，或做室内的简单装饰。因章鱼喜钻进螺等动物的壳里产卵或居住，渔民还把红螺壳连成网沉入海底，用来捕捉章鱼。

一贝千金谁能得

许多贝类的壳像涂上一层釉彩，五光十色，非常漂亮。贝类的外形千姿百态，有的似扇，有的似花瓣，有的像圆锥形的宝塔。芋螺形如芋头，马蹄螺颇似马蹄，冠螺呈帽状，壳高30厘米以上，水字螺伸出6条长棘恰组成一个“水”字。还有许多宝贝如虎斑宝贝、山猫眼宝贝、卵黄宝贝等，光滑的卵圆形外壳放出五彩斑斓的光泽。这些美丽的贝壳到了贝雕工艺品厂的能工巧匠手里，就可以制成各种精致的贝雕工艺品——绘上楼台殿阁、花鸟鱼兽、近代英雄、古代佳人，无所不能，都是利用各种贝壳的天然颜色和花纹经雕琢而成。在4000多年前，私有制产生之后，人们用色彩鲜艳的贝壳作为货币使用，所以汉字凡与经济价值有关的字多含有一个贝字，如财、货、贵、贱等。郭沫若曾说过：“古代的原始货币是分类的，我国货币的历史是由真贝到跳贝到骨贝到铜贝（所谓蚁鼻钱），而成为以后的铅刀铁钱等，所以凡是关于货币的字都从贝，这是古代的孑遗。”在古人看

趣味点击　虎斑宝贝

虎斑宝贝，黑星宝螺（学名：Cypraea tigris）是腹足纲宝螺科的软体动物。贝壳浑圆，螺层内卷。壳口狭长，外唇和内唇有细齿，齿舌纽舌形。外套膜薄、二叶型，活体几乎完全覆盖贝壳。螺旋部至成体时几乎消失，成体无厣。壳面平滑而富有光泽，贝壳的背面至周缘以白色至浅褐色为底，缀有许多大小不同的黑褐色斑点，栖息在潮间带至水深40米处的岩石及珊瑚质底。主要以藻类或珊瑚动物等为食。因其美丽的外形，而备受广大贝类收藏者的青睐，具有较高观赏和收藏价值。

来，大贝就是宝贝，“贝至径尺则宝也”。如《尚书大浩》记载，商纣王将西伯候姬昌关起来时，散宜生献砗磲贝给纣王而使姬昌获释。就是现代有的贝也很昂贵。1970年12月在达曼海外捕获到一只孟加拉贝，第二年在伦敦以2510美元的高价拍卖。1975年11月在菲律宾海外马克坦岛捕获一只贝，一个日本人以7000美元的高价买走。

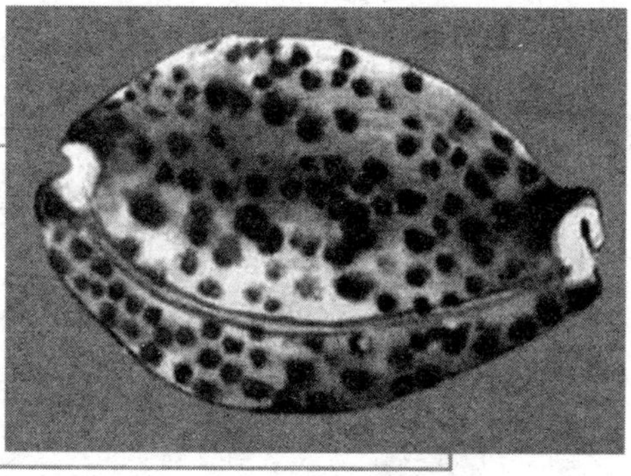

虎斑宝贝

我国古代人民喜欢用贝壳做装饰，如当年鲁国的3万名士兵都用红线穿系贝壳做坠饰。古代还用贝壳做项链、臂饰、腰饰或装饰贵族的礼服、丧服，装饰马车、马具等。5000多年前，我国的“山顶洞人”、欧洲的“尼德人”及亚洲的“爪哇人”，都流行着一种古老的贝壳葬礼，即在尸体旁摆满穿孔的贝壳等，以示致哀。这说明古代人把贝壳看作是一种崇高的象征。从辽宁到广东，从长山岛到海南岛，发现许多新石器时代人们留下来的贝壳堆，人们称其为贝丘或贝冢，如大庆北山麓的贝丘长500米，宽300米，厚0.3~1.5米，其中有蛤蜊、鲍鱼、海螺、长砺、玉螺等20余种。在渤海湾西岸，分布着四道由贝壳自然堆积成的海堤，犹如四条银光闪闪的巨龙。

蛤　蜊

贝类也有对人类不利的一面，舰船会因贝类等生物的附着而增加阻力，降低速度，在海战中就会减少几分攻击力，增加几分危险性。海上设施会因贝类的附着而降低寿命，排水管道会被堵塞，木船、木桩会被船蛆等贝类蚕食一空，有些贝类还是某些寄生虫病的中间宿主。人们正用各种办法，把这些不利的一面降低到最低限度。

知识小链接

玉　螺

玉螺：螺类的一种，海水生活。俗名：肚脐螺、蚶虎。科属，软体动物、腹足纲（Gastropoda）、前鳃亚纲、中腹足目。

形态特征：玉螺外表呈球状，壳口为半月形。内唇滑层厚，有时呈肋状，几乎把脐孔遮盖住。它们的斧足极为发达，可包贝壳，其作用和锄头差不多，可用来挖掘泥沙，使身体埋于沙中。玉螺的触角呈三角形而扁平，前端尖，眼和视觉已退化，吻长能伸缩。这种动物均为肉食性动物，以双壳类软体动物或者其它动物为食。它的吻的腹面有穿孔腺，能溶解双壳类动物的贝壳，然后用齿舌锉食其肉。

珍珠贝里好珍珠

有些贝类能产生美丽的珍珠，人们称它珍珠母贝，也叫珍珠之母。全世界有 30 多种贝能产生珍珠，其中又以 4 种最重要：大珠母贝，为珠母贝中之冠，壳高 30 厘米以上；珠母贝，壳高不超过 15 厘米，可培育出名贵的黑色珍珠；马氏珠母贝，壳高不超过 10 厘米，数量大，分布广，世界上的珍珠大多由其产生；企鹅珠母贝，壳高 20 厘

珍珠贝

米以上，可以培育出紫红色巨型游离珍珠。

珍珠，这大海奉献的瑰宝，历来被人们视为珍品。它圆润晶亮，玲珑剔透，有的如明月般皎洁，有的似晨曦般光彩。它既是高级装饰品，又是贵重药物。我国是世界上发现和应用珍珠最早的国家之一。据《尚书·禹贡》记载，早在4000多年前，我国就已用珍珠做贡品和装饰品了。珍珠多以大小和色泽论高低，直径5毫米以下者为小珠，8毫米以上者为大珠，居间者为中珠。颜色以粉玫瑰色者最佳，黑色、白色者次之。当然也有特大类型，如1934年5月7日在菲律宾巴拉旺湾的一只贝中采得的珍珠重6350克，直径14厘米，价值408万美元。

珍珠是如何形成的，民间有很多神秘动人的传说。其中之一说很久以前，有个青年渔民出海捕鱼，忽遇狂风巨浪，跌入大海，被美丽的美人鱼所救，二人遂结为夫妻，回到人间过着幸福的生活。后来青年被贪官害死，美人鱼泣泪成珠，滚到大海深处，被珠母贝吞下，以硬壳保藏起来……随着科学的发展，人们逐渐掌握了珍珠的成因。简言之，它是由贝的外套膜分泌的结晶状碳酸钙和贝壳质交替重叠而成。从贝壳的横断面上看，它有三层：最外是角质层，由壳素组成；中间为棱柱层，又称壳层，由石灰质的小角柱并列而成；最内为珍珠层，由叶片状霰石构

拓展思考

霰　石

霰石，碳酸盐矿物。成分为 $CaCO_3$。又称霰石，与方解石等成同质多象。斜方晶系，晶体呈柱状或矛状，常见假六方对称的三连晶。集合体多呈皮壳状、鲕状、豆状、球粒状等。通常呈白色、黄白色。玻璃光泽，断口为油脂光泽。具不完全的板面解理。贝壳状断口。莫氏硬度3.5~4.5。比重2.9~3.0。在自然界文石不稳定，常转变为方解石。主要形成于外生作用条件下，产于近代海底沉积或粘土中；石灰岩洞穴中；也可形成于内生作用，产于温泉沉积及火山岩的裂隙和气孔中，是低温矿物。也有生物成因的，产于某些贝壳中。

珍珠母

成。珍珠是由珍珠母贝外套膜表面的分泌物形成的，若珍珠母贝体内受到沙粒或贝壳碎片等异物的刺激，就会大量分泌珍珠层物质将其层层包围起来，日积月累，便形成一颗颗晶亮的珍珠。因此珍珠中心往往有这样一个异物构成的核。人工养殖的珍珠就是人为地制造异物，用手术将贝壳碎片等物植入珍珠贝体内，谓之插核。现在仅需将外套膜上皮组织植入，从而形成质量更高的无核珍珠。

基本小知识

角质层

角质层（stratum corneum）是表皮最外层的部分，主要由15～20层没有细胞核的死亡细胞组成。当这些细胞脱落时，底下位于基底层的细胞会被推上来，形成新的角质层。以人类的前臂为例，每平方厘米表皮在每小时会有1300个角质层细胞脱落，形成微尘。会脱落的角质层外层又称为分离层（stratum dysjunction）。

过去获取珍珠都是靠自然采集，海底寻宝，实非易举，不少人葬身鱼腹，一无所获，往往是“以人易珠珠不见，烟水茫茫空一片”。我国是世界上养殖珍珠最早的国家之一，已有2000多年的历史。北部湾沿岸的广西合浦、北海、东兴等地，位处亚热带，水温较高，盐分稳定，浮游生物大量繁殖，为珍珠贝提供了天然的饵料和繁殖场。这一带自古就有“珍珠故乡”之称。尤其广西合浦的珍珠更以颗粒圆润、凝重结实、色泽艳丽而驰名中外，为其他国家所不及，自古就有“西（欧）珠不如东（日本）珠，东珠不如南海珠”的公认评价，合浦也因此享有“珍珠城”、“珠市”的美称。据记载自汉朝就有在此采珠的记述，明朝弘治十二年（1500）达最盛期，年产珍珠2.8万两。明代戏曲家汤显祖在万历十九年（1592）描述当时采珠盛况："交池悬宝藏，长夜发珠光。闪闪星河白。盈盈烟雾黄。"明末清初的屈大均《采珠池》称："合浦清秋水不波，月中珠蚌晒珠多。光含白露生琼海，色似明霞接绛河。"现在珍珠养殖场已遍布我国南海沿岸，我国已成为世界最大珍珠出口国，产量占全球90%以上，2003年至2006年，珍珠出口量分别是771吨、1103吨、532吨、572吨；但品牌意识有待提高。

珍珠不仅含有丰富的壳蛋白，而且有大量的钙、镁、锰、锶、钠、铁、钾、碘等多种元素，是贵重的药材，有安神定惊、清热解毒、云翳明目、消炎生肌之效，许多中成药如六神丸、安宫牛黄丸、八宝眼药等都含有珍珠成分。用珍珠作装饰品，如制成项链、耳环、耳坠、戒指、手镯、发卡、表带和服履点缀等，晶莹华美，璀璨夺目，令人喜爱。

珍　珠

知识小链接

镁

镁，发现过程1808年，英国的戴维，用钾还原白镁氧（即氧化镁MgO），最早制得少量的镁。物理性质：银白色的金属，密度1.738克/厘米3，熔点648.9℃。沸点1090℃。化合价+2，电离能7.646电子伏特，是轻金属之一，具有延展性，金属镁无磁性，且有良好的热消散性。

海绵动物

HAIYANG DONGWU DALIEQI

海绵动物的家族有着许许多多的成员，它们有着大大的作用，还有它们再生的本领。这些关于海绵动物的介绍将在本章中一一列举。

家族成员多

海绵的种类达1万～1.5万多种，也算得上是一个旺族。除少数种喜欢淡水外，绝大多数种一直以海洋为家。从潮间带以下的浅滩到8000米深的深海里都有其踪影。由于所处区域不同，条件多变，附着的基质类型各异，水流强弱不一，也形成了海绵的多姿多彩的形态和生态类型。多数海绵喜附着在较浅水底的坚硬岩石等底质上，泥质海底几乎无海绵生长。在海流经过的浅水底，有各种不同的坚硬的角质海绵如紫色壳海绵，多呈扁平的片状或球形的块状体。由于海流和海浪的作用，它们长不高，仅有2.5厘米厚，且表面形成很好的流线型，因为表面高突部分很容易受浪与流的冲击而折损。而在潮下带静水中，如在珊瑚礁中，大型天蓝管状海绵可以非常繁茂，有的长得很高，达1～2米，直径0.75米。有的海绵喜欢穴居，钻到鲍鱼、牡蛎或其他软体动物的壳里生长；有的靠本身分泌的化学物质在软体动物的壳上侵蚀隧道，有一种黄色海绵就附着于隧道中，这种隧道可以不断扩展，使贝壳变弱；还有的侵犯珊瑚礁，导致珊瑚礁的破坏解体。海绵的外形，除上述扁平状、块状、球状者外，有的像圆圆的桶——如樽海绵，像长长的管——如白枝海绵，

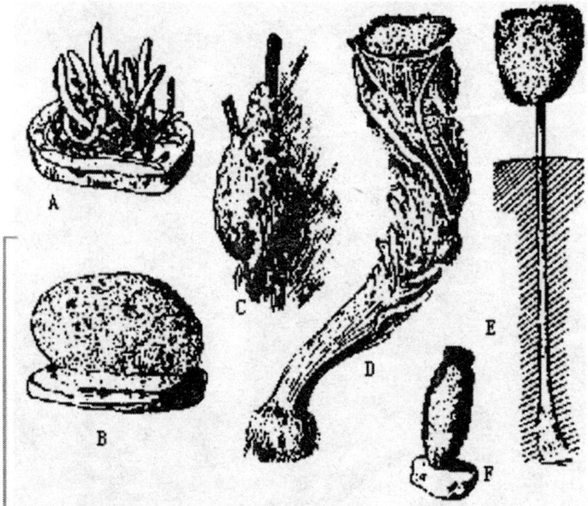

A.白枝海绵在木块上；B.浴海绵在木片上；
C.淡水海绵在木块上；D.偕老同穴；
E.拂子介；F.樽海绵

海绵生活示意图

像巨大的水杯——如水杯海绵，还有的如扇、如瓶、如树枝、如壶。海绵在大小上差别很大，小者仅几克重，大的近 45 千克。海绵不仅如此多姿，也甚为多彩，有绯红、橘黄、金黄、粉色、绿色、深紫色等五颜六色，主要是它体内有不同藻类共生，才使它呈现出不同的色彩。

海绵虽然全世界热带海洋都有分布，但以大西洋加勒比海的海绵生长最繁茂，所以那里被誉为“世界海绵之乡”。

小室作用大

海绵的体壁内镶嵌着无数结构精致的骨针，有钙质的，也有的是像玻璃一样的硅质。骨针就像建筑中的钢筋一样，对海绵起着加固和支撑作用。多数海绵的骨针是一根根分散在体壁中，但玻璃海绵和有些其他海绵，骨针排列成精巧的网络状骨架。还有些海绵或没有这种骨针而有称作海绵硬朊的蛋白质纤维，或骨针与蛋白质纤维兼而有之。分类学家就是根据骨针的显微镜薄片类型而对海绵分类的。没有这些骨针，海绵就难以维持多姿的形态。海绵周身都布满小孔，这是它的入水小孔，每个小孔往里通入一个小房间叫滤室，所有滤室都通到一个公共腔里，这个腔就像一个瓶子的内腔一样，叫孔前腔，腔上端是一个很大的出水孔。栖于流急浪大处的海绵出水孔更大，而在静水中的海绵出水孔高高突起，像火山口一样。这就是海绵的水管系。海绵既无口，又无消化腔，依靠这一水管系来捕捉食物，摄取氧气，排泄废物，甚至输送生殖细胞

拓展阅读

骨　针

骨针，也叫“骨片”，某些低等动物体内呈针状或其他形状的小骨。如海绵、放射虫、海参都有不同类型的骨针，骨针有支持组织，保护身体的功能。

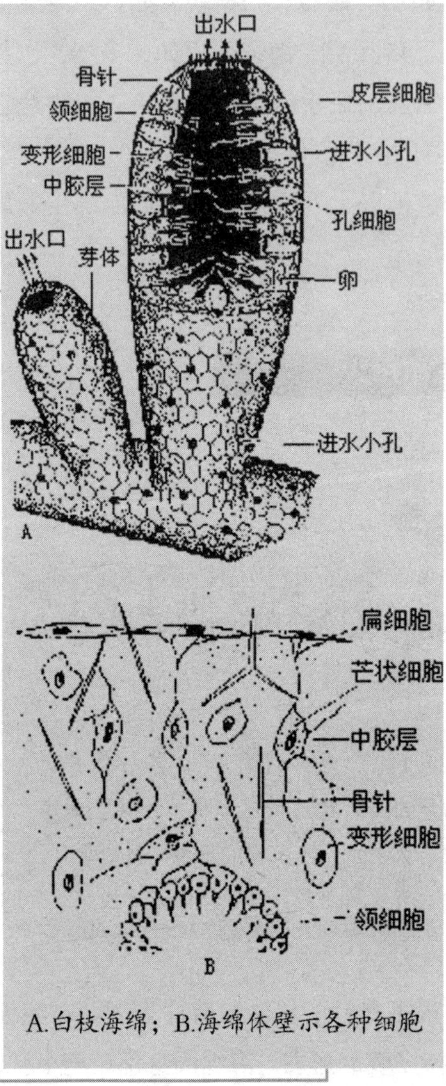

海绵体壁结构图

等。其过程是，水由入水小孔吸入体内，进入滤室，滤室是海绵水管过滤系统的“心脏”，它的内壁上衬以无数领细胞，每个领细胞上都有一根鞭毛，鞭毛能由基部向末梢成螺旋状摆动，无数鞭毛按一定节律摆动就会在海绵的孔前腔里产生一个正压力，驱使其内的水通过很大的出水孔排出体外，同时又把体外的水由全身的入水小孔吸入体内，一直不停地流动，夜以继日、周而复始。在水进入滤室，流经领细胞的过程中，水中的藻类、细菌或其他食物小颗粒就会被领细胞捕捉并被细胞体吞没，形成食物泡予以消化，较大的食物颗粒，领细胞无法对付，可以被进入滤室的变形细胞所吞食。代谢过程的废物等再排到水里，排出体外。滤室越多，表明该海绵的结构越复杂，过滤水的能力越强。一个 10 立方厘米大的海绵一昼夜能过滤 20 升海水。过滤后排出的水在出水口处速度达 5 米每秒，可以排出很远，这样就可以避免排出的水又进入体内进行再循环。

偕老同穴住

海绵不仅能附着在无生命的岩石等基质上，而且能附着在一些动物体上，特别是贝类、蟹类的壳上。这是一种互利关系，贝和蟹能带着海绵到处活动，扩大了海绵的捕食范围，而海绵也对它的附主尽保护的义务。因为海绵的身体粗糙且有骨刺，既不好吃，也不好消化，没有什么动物愿意以海绵为食。海绵本身还有一种怪味，动物遇到它都避而远之。万一有动物来攻击，海绵的出水孔会收缩变小以保护自己，还会释放有毒物质赶跑攻击者。所有受海绵保护的动物都很安全，即使喜吃螃蟹的动物，一见到它身上的海绵也会失去胃口，为此许多动物也愿意到海绵那里寻求保护。

偕老同穴

在南海、菲律宾、日本等海域有一种硅质海绵，状如花篮，篮里常居住有一种小虾，它们从幼时就喜欢一雌一雄成双成对地进入这种海绵中幽会，那里安全而且舒适，小虾就把那里当成安乐窝。随着它们身体的长大，无法从海绵体内钻出，就被永久地封闭在里面，它们也会心甘情愿地接受这种天作之合，永结百年之好。海绵体腔里的这种虾就

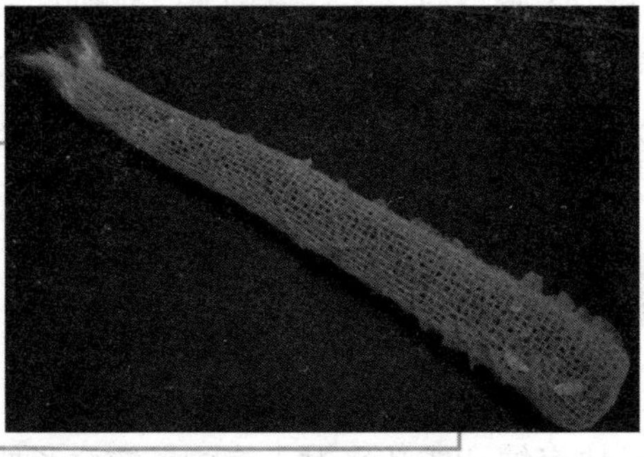

海绵的再生能力高得惊人

被美名为“俪虾”，常被人看作爱情忠贞的象征。这种海绵被称为“偕老同穴”，也被当作吉祥之物。

另外有些虾如龙虾、对虾只是利用海绵做避难所，遇有危险立即逃到海绵体内，有些小鱼如鰕虎鱼、鲥等也喜欢以海绵体做基地，守株待兔，伺机出击捕食猎物。海蛇尾白天缩于管式海绵内，晚上出来活动。还有些蠕虫也喜钻到海绵体内，有人发现一个龟头海绵体内竟有16000只鼓虾。这种海绵体大孔多，体内经常隐居着无数的小虾、小蟹、蠕虫、海星等，连乌贼都喜欢把卵产在一种石质海绵的孔里。

有的海绵能紧贴造礁珊瑚的下侧，防止钻孔动物侵入珊瑚，对珊瑚有保护作用。另有些钻孔海绵能破坏珊瑚，分泌黏液杀死珊瑚虫。有的海绵长在海螺壳或牡蛎壳上，将口封住，使其致死。加勒比海有一种褐红色块状海绵，人的身体碰到它会发生皮疹，引起痛痒。在地中海水下洞穴中发现有一种肉食性海绵，以贝类为食。

拓展阅读

鰕虎鱼

鰕虎鱼（Ctenogobiusgiurinus）属鲈形目，鰕虎鱼科，鰕虎鱼亚科，栉鰕虎鱼属。遍布全世界，尤以热带为多，主要为海鱼。体长，前部略呈圆柱形，后部侧扁。体长约10余厘米；头部大而长，头高稍低于体高。吻长，前端钝圆，正中有一隆突。性情温和，喜生活于清澈流动而底质为砂、砾石的水环境中。在水族箱中常在砂上或玻璃面上爬游，有时可以利用吸盘吸附于玻璃或石块上静止不动，极有趣。鰕虎鱼的食物主要为水生昆虫。

再生本领高

海绵的再生能力高得惊人，若将一块海绵切成几块抛入海中，它会长成几个新的海绵体。即使把它们研得粉碎，放进水里，它们也会组合成三五成群的细胞集团，每个细胞集团都可能生成一个新海绵。若把两种不同颜色的海绵放在一起磨碎，甚至加以过滤，制成细胞液，放在容器里，取一滴细胞液放在显微镜下观察，就会发现海绵细胞在积极活动，物以类聚，红找红，黄找黄，各自形成新的细胞集团，各又会长成不同的海绵。

当然海绵本身并不是靠这种方式增生新个体的，它们可以进行无性生殖，即某一部分细胞长出芽球，以后逐渐长成新海绵。它们也可以产生枝杈，枝杈受风浪打击时断裂，脱离海绵而乘海流旅行到其他海区，遇到适宜条件，就会在那里安家落户，长成新的海绵。它们也可以忍受干旱、寒冷等不利条件，渡过难关后再求新生。

海绵也能进行有性繁殖，成熟的雄海绵像释放烟雾一样把精子排放到水体中。第一个排出生殖细胞的海绵同时释放一种化学物质，就像信号一样立即刺激同水域的其他海绵立即响应，雌性则大量排放光亮的黏丝一样的卵子，不失时机地和精子结合，也有的海绵精子随水流通过入水小孔进入其他海绵体内使卵子受精，发育后成为大量能自由漂流的幼虫。幼虫满身生鞭毛，海流将它们带到远方，送到深层。幼虫逐渐长大，沉到海底，蜕去鞭毛，在岩石或贝壳上固定下来，长成新的海绵体。海绵虽是雌雄同体，但并不同时成熟，所以不能自体受精；虽有胚胎发育，但无真正的胚层。

广角镜

芽　球

芽球（gemmule）的形成是中胶层中由一些储存了丰富营养的原细胞聚集成堆，外包以几丁质膜和一层双盘头或短住状的小骨针，形成球形芽球。当成体死亡后，无数的芽球可以生存下来，渡过严冬或干旱，当条件适合时，芽球内的细胞从芽数上的一个开口出来，发育成新个体。芽球是一种内部出芽的结构。海绵体内卵黄细胞（statocyte、游走细胞中积累特别多量的营养物质）多数集合成球状块。在它的外侧覆盖着一层柱状上皮细胞（colummar epithelial cell），于此细胞底分泌出几丁质的内膜，但在卵黄细胞块的一端则未形成膜，因而留有芽球口（gemm－ule aperture）。

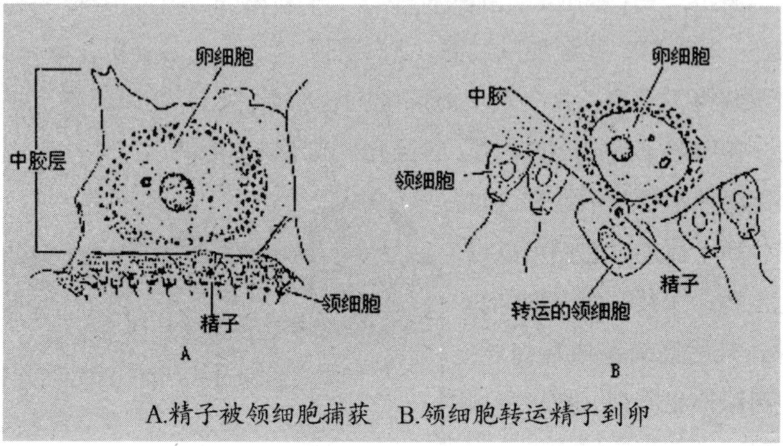

钙质海绵受精示意图

有些海绵如篮状海绵寿命很长，能活上百年。海绵虽长寿，但也有尽时，最终会死亡。由于海绵长高，管腔增大，领细胞的鞭毛无力把水压出去，内部的沉积物也排不出去，日积月累，就会将其闷死。死亡以后躯体分解，体内的骨针就沉积到基质中。

海绵有妙用

海绵柔软而多孔，吸水能力很强，用处颇广。如浴海绵，体无骨针，只有纤维丝，柔软而有弹性，用来洗澡或外科手术中吸取脓血，颇受人们欢迎，全世界年产约 1000 多万吨，仍供不应求，因此地中海、红海等地已开展了人工养殖。这种海绵我国海域也有出产。含有骨针的海绵较

白枝海绵

硬，用以洗涤碟碗、擦拭机器等。

近来，科学家发现，海绵有很复杂的免疫系统，能分辨外来的物质，能分泌一些化学物质，驱赶藤壶等附着生物，保护自己不受侵犯。这些化学物质还对癌症、真菌感染、炎症甚至艾滋病有疗效，如其中一种化学物质能破坏细胞繁殖过程，能阻止乳腺癌。新西兰海域的一种海绵能对抗艾滋病病毒试验。海绵种类很多，科学家们正在其中寻找对人类治病有特效的海绵。

基本小知识

真菌感染

真菌感染，真菌感染性疾病根据真菌侵犯人体的部位分为四类：

浅表真菌病、皮肤真菌病、皮下组织真菌病和系统性真菌病；前二者合称为浅部真菌病，后二者又称为深部真菌病。

真菌感染定义：

真菌（Fungus）是一种真核生物。最常见的真菌是各类蕈类，另外真菌也包括霉菌和酵母。现在已经发现了7万多种真菌，估计只是所有存在的一小半。大多真菌原先被分为动物或植物。

海中魔术师——头足类

HAIYANG DONGWU DALIEQI

为什么说头足类是海中的魔术师呢？它们哪，可以像水中的火箭一样游速快，喷墨吐雾，还可以变换体色，断腕自割脱身。真真是个魔术师呢！它们以智取食，繁殖习性颇为有趣。本章还举例活化石鹦鹉螺来介绍这些。

水中“火箭”游速快

头足类游速很快，它不像鱼那样摆动尾鳍向前游动，也不是如螃蟹一样漫步横行，而是像火箭喷火一样快速运动。不过头足类是从漏斗向外喷水，靠水的反作用力推动身体以退为进的。现代火箭就是根据这个原理设计的，而头足类比人不知领先多少年代就用这种方式运动了，而且技高一筹，只要漏斗的方向一改变，喷水的方向就会变，运动方向也随之改变。漏斗朝前或后一伸，它就会后退或前进，还会跃出水面七八米高，在空中滑翔。快速游泳时，腕足收缩起来紧贴身体，形成纺锤形，可减少水的阻力。有些枪乌贼的最高时速可达 150 千米，瞬时速度每秒 3 ~ 9 米，遇强敌时可以逃遁，遇猎物时能从容追捕。

深海乌贼

喷墨吐雾放烟幕

章鱼和其他头足类都有一个装墨的囊，称墨囊。当它们处境危险时，能喷出墨汁，把周围海水染黑，状如烟雾，而且有时烟雾的形状颇像它们本身，很容易迷惑敌害，自己趁机逃之夭夭。章鱼能连续六次喷射墨汁，半小时后又能完全恢复。这种奇特的自卫方式，它们一出世就会，刚孵出一分钟后就能放出墨汁。唐代段成式《酉阳杂俎》中说：“海人言昔秦始皇东游，弃算袋于海，化此鱼，形如算袋，两袋极长。”就是说，秦始皇到黄海巡视时，尽兴之际不慎将装墨的袋子掉到海里，天长日久，变为乌贼，墨汁还保留在体内，变成墨囊。宋代周密《辛杂识续集》中说：“世号墨鱼为乌贼，何以独得贼名？盖其腹中之墨可写伪契卷，宛斯如新，过半年则淡然如无字，狡黠者为骗诈之谋，故亦曰‘贼’云。”就是说狡猾的人向别人借钱，用乌贼墨写下借据，且久拖不还，这种墨初时很新鲜，过半年则淡然无字，若债主半年后催还，借债人索要借据时，就会发现借据已褪为白纸，无以为凭，借债人就赖账不还了。于是人们把墨鱼汁看作是帮坏人行骗的工具，遂骂为乌贼。还有其他的传说，当然不足为凭。实际上乌贼墨是吲哚醌和蛋白的结合物，时间久了会被氧化，所以自然会消失。

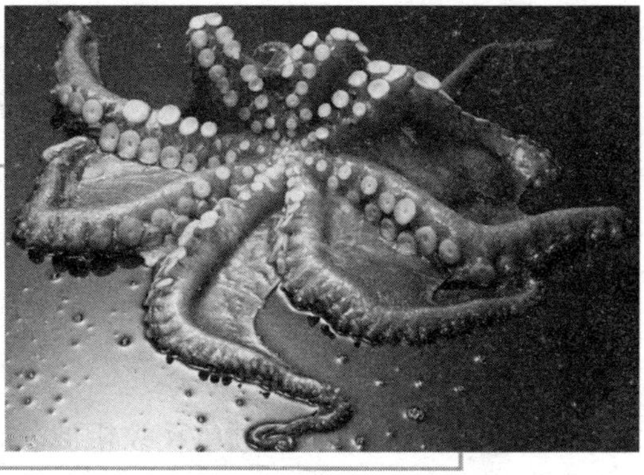

章　鱼

章鱼等头足类喷出的墨汁除起烟幕作用之外，还有麻醉作用，即使大鱼在这种液体中也会失去嗅觉和辨别方向的能力。据观察，海蛇在捕食章鱼的时候，若被墨汁喷射，也会丧失嗅觉，虽近在咫尺，却捕捉不到目标。墨汁对章鱼本身也有危险性，但对人似乎不起毒害作用。

蟹与龙虾是章鱼常吃的食物。当章鱼抓住猎物时，用腕上的吸盘将其牢牢吸住，再用灵活的喙状口去咬，然后经由一种特殊的水泵状器官将毒液注入牺牲者的咬伤处，将其杀死后，再注入消化酶，把其中可供消化的物质一点点吸尽后，将空壳丢弃。人们在捕捉章鱼时，预防被它咬伤比预防被它的腕缠住更重要。

体色多变巧伪装

章鱼的体色可随机应变，无论是遇敌惊恐、情绪激动、受刺激而兴奋、情场角逐中或环境改变，它都会像魔术师一样改变体色，一会儿红，一会儿紫，一会儿紫红，或忽而黑、忽而白，忽而斑斑点点，或身体一侧色深另一侧色淡，或变得和环境的颜色花纹相似。有人将它放在报纸上，它身上竟然也显示出黑白相间的字痕。章鱼变色的目的或恐吓对手，或威胁情敌，或引诱异性，或隐蔽自己。

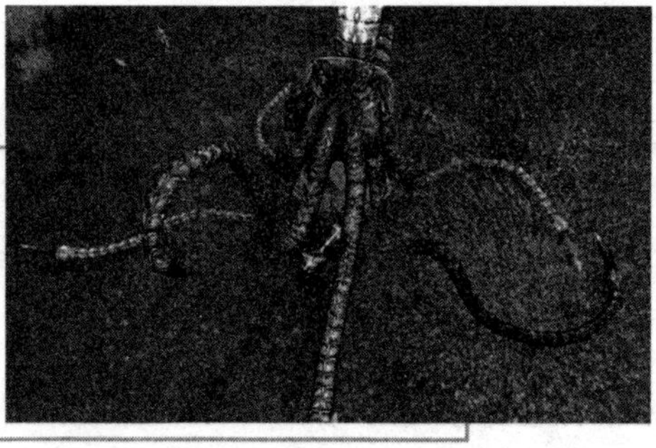

章鱼的体色可随机应变

章鱼的体色所以能像魔术师一样瞬息万变，这和它的皮肤色素的结构直接相关的。节肢动物的体表色素是靠激素调节，所以反应慢；头足类的色素直接受神经控制，可以在一两秒钟内做出反应，相当快，其色素粒被包在有弹性的囊内，囊上附有肌肉，肌肉呈辐射状，并有神经控制。当部分肌肉同时收缩，色素囊被拉成扁平的片状，色素就完全扩展开来；神经兴奋停止，肌肉松弛，色素又凝集成不明显的点状。成体头足类可以有数百万个红、黄、橘黄、蓝、黑等各种色素细胞，在皮肤中分层成斑状排列。只要调节不同的色素，它就能迅速改变体色，并变出形形色色的斑纹。例如，在繁殖季节，雌乌贼的身体呈褐色或橙黄色，上面点缀着许多深褐色斑点。雄乌贼也要把自己打扮一番，往往出现白底上布满深褐色条状的花纹。平时乌贼喜欢独居，繁殖季节雌雄就会幽会。当一只雄乌贼找到另一只乌贼时，若对方也是雄性，就立即显示出相似的像斑马一样的花纹，难免就会引起一番角斗，直到其中一方知

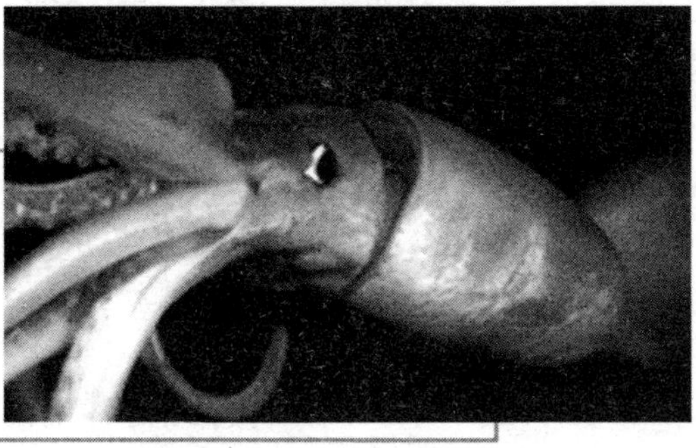

乌贼在追逐猎物时也用速变的体色来麻痹和迷惑猎物

趣而败北。若找到一只雌性，它不呈现斑马一样的花纹，于是双方头相对，腕搭在一起，彼此如愿以偿，完成交配过程。

乌贼在追逐猎物时也用速变的体色来麻痹和迷惑猎物，从深变淡，再变得浑身斑驳，当接近猎物时，突然伸出两条长腕将其抓获。

头足类控制色素细胞的脑神经有两对，一对控制头和腕部，另一对控制躯体。眼睛受外界刺激后把信息传到脑，脑通过神经指挥相应部位上的色素产生变化。若切断一侧的脑神经，那一侧的颜色再也不会变了。瞎眼者当然也不会变色。但也有人认为双目失明者并不丧失变色能力，它的吸盘也能接收光的刺激，只要给它留下一个吸盘，它就能变换体色。

断腕自割脱身计

当章鱼处于极端危险，可能无法脱身或腕被敌捉住时，它被捉住的腕或背部的两个腕会膨大变平，并自五分之四处断下来，且不停地摆动，引诱敌方，自己却趁机逃之夭夭。自割断腕处的伤口很快就会愈合，一个半月后，又会长出新腕来。这种“舍车保帅”的伎俩，有时还真奏效。

章鱼外套膜围成的体腔中储存有水

广角镜

章　鱼

章鱼，别名鱆、章举（《韩昌黎集》）、长章、短脚章、络蹄（《东医宝鉴》）、坐蛸、石吸、望潮（《闽中海错疏》）、八爪鱼、八带鱼、小八梢鱼、蛸（《动物学大辞典》），学名 Octopus vulgaris，英文名 Octopus，属无脊椎动物、软体动物门、头足纲、蛸科（章鱼科），或称蛸（shāo）。章鱼体呈短卵圆形，无鳍。头上生有 8 条腕，故又称“八带鱼”。腕间有膜相连，长短相等或不相等；腕上具有 2 行无柄的吸盘。

章鱼若被捕获，身处绝境时，往往会使用变形术来逃出困境。有人把捕到的章鱼装在箱子里，并把箱子捆好，但回到家一开箱子却空空如也，原来章鱼把腕从箱子缝隙中伸出来，抓住外边的东西，将身体压得扁扁的，由缝隙中挤出来，溜之大吉了。还有人将捕到的章鱼放在篮子里，在乘车回家的路上，章鱼却溜了出来，爬到乘客的腿上，引起一场骚动。章鱼外套膜围成的体腔中储存有水，水里的氧气足够它几个小时甚至几天的消耗，所以离水上陆时，章鱼不会马上死去。

以智取食有高招

章鱼以鱼、蟹和贝类为食。章鱼捕食牡蛎时，常是在一旁耐心等待，因牡蛎受到惊动紧闭双壳，感到危险过去才张开双壳，此时章鱼迅速将石头扔到牡蛎壳内，使牡蛎无法闭壳，章鱼不仅食牡蛎的肉，而且钻进牡蛎壳里安身。章鱼常在海底用石头、贝壳之类的材料建成火山喷口似的洞穴作为自己的家。它可以搬动比自身重 10 ~ 20 倍的石头，还会使用石头御敌。

章鱼的八条腕足，感觉灵敏，动作灵活，是它最重要的武器，用来进攻、捕食、御敌、建巢等。当它隐于石缝中，将腕蜷曲起来休息时，也会伸出一两条腕警戒，探查周围动向，一受触动立即反应。每条腕上都布有 300 多个吸盘，每个吸盘约有 100 克的吸力，一只约 20 千克的章鱼八条腕足上有 2000

多个吸盘，总吸力达2000牛顿，不难想象，无论是人或其他动物一旦被它缠住就很难脱身。有个曾与章鱼搏斗而侥幸生还的潜水员称，身体被腕缠住，被吸盘吸住，欲动不成，欲逃不能，就是用刀砍断章鱼的一两条腕仍是不行，若是腕把氧气管拔掉，人就必死无疑。据经验，唯一的脱险办法是用刀把章鱼两眼间的脑神经切断。对于大章鱼的凶狠，过去曾有过许多可怕的传说和报道。如1874年《英国泰晤士报》报道："珍珠"号船在孟加拉湾失事，一个庞然大物慢慢浮出水面，被船员用枪击伤后，它游到船边，伸出巨臂抓住船舷爬上船来，船员用刀、斧头全力砍它的巨臂。结果它一下子就把船掀翻了，船员都掉进海里。

乌贼的十条腕，捕食时用两条腕抓住捕获物，八只腕包裹在捕获物上，然后用口割开食物，所以它能吃相当于身体10%大小的食物。

乌贼有十条腕

头足类中有些个体相当大，如深海大王乌贼身长可达18米，体重10吨，眼睛直径就达30厘米，触手长达11米，伸出来就像一条巨蟒。鱿鱼即枪乌贼一般仅几百克重，但1982年10月在新西兰南岛利特尔东北海区捕获一条鱿鱼重达2.5吨，全长8.5米，触手长3.8米，眼珠的直径超过半米。

繁殖习性颇有趣

头足类在繁殖上也是颇为有趣的。例如，乌贼每到生殖季节，雄性以多变的体色打扮自己，并吸引和追逐雌性，雄性间也进行激烈的角逐，经过数十小时的追逐嬉戏之后，情投意合的雌乌贼和雄乌贼将彼此的头部对在一起，雄乌贼用交接脚把精夹放入雌乌贼的外套腔中，使精子和卵子结合，完成交配过程。雌乌贼把产出的卵用丝状物系在飘浮的海藻上，第二粒卵的柄和第一粒卵的柄连在一起，许多卵连起来就像海藻上结出了一串串葡萄。产卵以后，雌乌贼就不吃不喝，守护着自己所产的卵。赶走所有敢于来犯的鱼或其他动物。等卵孵化出来以后，乌贼妈妈也耗尽了最后一点精力，疲惫不堪地死去了。

知识小链接

外套腔

外套腔英文名称：mantle cavity 定义：软体动物外套膜和内脏囊之间的空腔。应用学科：水产学（一级学科）；水产基础科学（二级学科）

以上内容由全国科学技术名词审定委员会审定公布外套腔（mantle cavity）软体动物外套膜与内脏团、鳃、足之间的空隙。

大多数头足类的寿命仅为 1 年。小乌贼孵化出来以后，体重以惊人的速度增长。多数头足类的体重每天增加 3% ~5%，5—7 个月的时间就从几毫米的幼体长成几千克重的成体。就是重达 5 吨重的枪乌贼，也是由一粒一粒小小的受精卵在 1—2 年内长成的。所以它们从食物中吸取营养物的效率特别高，能把食物中 50% 的蛋白质转化成自身的蛋白质。乌贼的肝脏很大，可占其体重的 10%，所以具有惊人的消化能力，而且消化、吸收、代谢的过程直接简单，能迅速把食物中的蛋白质分解成氨基酸，再把氨基酸组合成自身需要的各种蛋白质。头足类能逐渐发育

乌贼具有惊人的消化能力

出复杂的神经系统，还能建立短期和长期的记忆。它们的循环系统拥有三个心脏，一个控制体循环，两个控制鳃循环，相当于哺乳动物的左右心，所以效率很高，保证了其快速运动的需要。

基本小知识

体循环

体循环（大循环）由左心室射出的动脉血入主动脉，又经动脉各级分支，流向全身各器官的毛细血管。然后血液经过毛细血管壁，借助组织液与组织细胞进行物质和气体交换。经过交换后，使动脉血变成了静脉血，再经过小静脉、中静脉，最后经过上、下腔静脉流回右心房。血液沿着上述路径的循环称为体循环或大循环。体循环主要特点是路程长，流经范围广泛，以动脉血滋养全身各部，并将其代谢产物经静脉运回心。

体循环的途径：动脉血从左心室→主动脉→全身动脉→毛细血管网→各级静脉→上、下腔静脉→右心房

头足类的肉洁白如玉，鲜嫩松脆，无论凉拌、爆炒皆可，营养价值很高，含 17 种氨基酸。乌贼肉含蛋白质 17%，脂肪 1.7%，钙 8.5%，还可作药用。据记载，乌贼能“滋肝肾，补血脉，理奇经，愈崩淋，利胎产，调经带，疗疝瘕，最益妇人”。乌贼的干制品称墨鱼干，雄性生殖腺干制品称乌鱼穗，雌性的卵叫乌鱼蛋，都是海味佳品。乌贼的内壳叫海螵蛸，有止血、止痛等功效。乌贼墨可治功能性出血，最近有人从中提取抗癌物质。用乌贼墨汁染黑的米饭，也称得上是黑色食品，在意大利与西班牙很普遍，在美国也颇受欢迎。总之乌贼全身都是宝，且产量很多，过去列为我国四大经济渔业之一。全世界年产

白斑乌贼

乌贼达150万吨。其中有一半由日本生产，日本平均每人每年要消耗好几千克乌贼。我国年捕获乌贼约7.8万吨，仅为日本的五分之一。全世界渔获量中头足类仅占四十分之一，资源潜力还是很大的。

活化石——鹦鹉螺

鹦鹉螺在它兴旺发达的奥陶纪即约5亿年前，曾有2500种之多，在当时的动物界占有重要的地位，和它的近亲菊石共同占据着古代海洋，甚至地质史上的这一时期竟被称为鹦鹉螺时代。但以后几经沧桑，菊石灭绝了，绝大多数鹦鹉螺成员灭绝了，只有6种闯过历次劫难，顽强地生存下来，作为远古时代的孑遗，成为今天的珍贵动物和活化石而备受人们的重视。

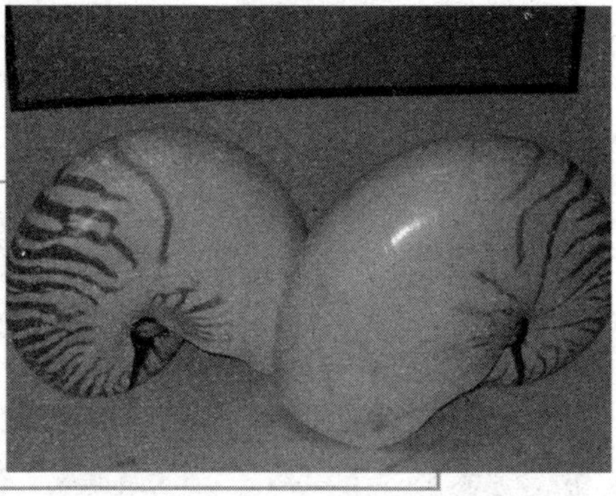
鹦鹉螺

鹦鹉螺有一个漂亮的外壳，壳的表面有橙红色或褐色的一条条波状花纹，颇似鹦鹉羽毛。壳的前段颇似鸟喙，因此而得名。壳的内面闪烁着五颜六色的珍珠光泽。它既有壳，应属于螺类，但看它的身体，前有很多腕，后端身体柔软如袋，又和乌贼、章鱼相似，科学家还是把它归为头足类之中。

但鹦鹉螺和现存头足类仍有许多不同之处，它的腕数量甚多，可达90多条，腕上没有吸盘，腕的上方是一个革质的冠，像戴在头上的斗笠，是由两个腕皱褶特化而成。它虽然也有一对大眼睛，但眼中没有晶体，显然不如头足类的眼发达。它没有墨囊，也就没有喷墨吐雾的本领。它的漏斗位于腕之下，是由古老的软体动物的腹足衍生而成。袋状的身体包含着它的内腔和鳃腔。所以鹦鹉螺被看作是最原始的现存头足类。因其有壳，也被称作有壳头足类。

知识小链接

内 腔

内腔，在迁移性胸癌的细胞内的胞质内腔。硫脑苷脂脂质贮积病一种遗传性髓磷脂代谢病。又称异染性脑白质营养不良（MLD）。神经细胞髓鞘内鞘磷脂消失明显。由于芳香基硫酸酯酶A活性缺乏，半乳糖硫脑苷脂在中枢及周围神经系统堆积，也可堆积在肾、膀胱等内脏中，形成异染性球形颗粒块，并大量从尿中排出。

就壳而言，鹦鹉螺与其他螺类的壳有所不同。鹦鹉螺壳的内腔被隔膜分割成一个个小室，随着个体成长，不断产生新的更大的小室，它的柔软身体总是位于最新形成的最大的小室内。各个室之间有一条通管彼此贯通。因此小室越多，个体的年龄就越大，幼体只有1～2个小室，成体可以有7～8个甚至更多的小室。小室内充满水或气，根据需要可以随意调整水和气的多少。

现存6种鹦鹉螺多生活在热带深海海底。我国只见于南海、台湾海峡。物以稀为贵，一个活的鹦鹉螺价值上万元。人们对鹦鹉螺的生活习性了解不多。它们白天或静卧海底，养精蓄锐，晚上离底上浮，到处捕食。它们在海底用腕轮番蠕动匍匐而行，或把持在石头等地基上按兵不动。一旦离开海底，它们就像其他头足类一样用喷水的方式游泳，推动身体以退为进。

鹦鹉螺被看做是最原始的现存头足类

多姿的海洋蠕虫

HAIYANG DONGWU DALIEQI

结构简单的蠕虫、身体超长的纽虫、奇特的深海蠕虫、百足之虫沙蚕、巧妙取食的须头虫，长有羽状冠的缨鳃虫……构成了多姿的海洋蠕虫世界。

结构简单的扁虫

扁虫类有13000多种，其中10000多种过寄生生活，自由生活的有3000多种，大部分是海产，喜在岩石或海藻覆盖下的泥沙中安身。小的甚小，大的可长到60厘米。背涡虫就是其中的一种。它常在潮间带的岩石上隐身，也常在大型卵石下用腹面的纤毛沿石面滑动，淡褐色的身体像一叶海藻，前方有两个深色的眼点，观察着周围的动静。咽部平时像皱起的窗帘一样缩进身体腹面当中的一个开口里。夜幕降临后就梢梢地出来活动，在海底捕捉小的软体动物、小的节肢动物或其他小型无脊椎动物为食。它还没有完整的消化系统，腹面的开口既是口又是它的肛门。

扁形蠕虫

知识小链接

无脊椎动物

无脊椎动物（Invertebrate）是背侧没有脊柱的动物，它们是动物的原始形式。其种类数占动物总种类数的95%。分布于世界各地，现存约100余万种。包括棘皮动物、软体动物、腔肠动物、节肢动物、海绵动物、线形动物等。

无脊椎动物（Invertebrata）是背侧没有脊柱的动物，其种类数占动物总种类数的95%。它们是动物的原始形式。动物界中除原生动物界和脊椎动物亚门以外全部门类的通称。

身体超长的纽虫

纽虫类有 600 多种，它们大小不等，体色各异，有红、黄、蓝、白、绿等色。小型种长仅 1 毫米，大型种可长达数十米。1864 年有人在苏格兰沿岸发现一条纽虫，体长达 55 米，世界上最优秀的短跑名将从它的头跑到尾也要花 5 秒多钟。它还有一个有趣的特点，身体能像橡皮筋那样拉长到惊人的程度，如一条 20 厘米长的纽虫能拉长到超过 1 米，若照此标准，上述 55 米长的个体就能拉长到将近 300 米了，真是不可思议。不仅如此，纽虫还有很强的再生能力，就是把一条 10 厘米长的纽虫切成 100 段，用不了多久，每一小段都会长成一条完整的纽虫。所以不必担心数十米长的纽虫会不会万一身断而命丧。它的生命力也极强，冬天可以僵而不死。

纽 虫

纽虫喜欢生活在潮间带或潮下带的海藻或贻贝等生物之间，住在洞穴里。前述的扁虫类没有完整的消化系统，只有腹面中部唯一的一个对外的开口，而纽虫类则有完整的消化管，既有口，又有肛门，还有一个能向外翻的吻部作为取食工具。平时吻部总是收进消化道上端的腔里，当夜间侦察到其他蠕虫、软体动物、节肢动物甚至小鱼时就突然射出来捕获猎物。纽虫的吻可以伸得和它的身体一样长，甚至比它的身体还长，用来缠住猎物。吻部能分泌极黏的黏液帮助抓获猎物，上面还有倒刺和毒腺，用来制服猎物。

奇特的深海蠕虫

在太平洋2500米深的海底曾发现一种蠕虫，属前庭动物，叫加拉帕戈斯管蠕虫。因是在加拉帕戈斯群岛附近的海底温泉口发现而得名。其体长有3米，令人惊异，更奇特的是它竟然连口和消化系统都没有，而在深海海底有温水渗出的区域分布的数量却很多。它究竟怎样生活的呢？起初人们推测，它能用其红色触手从海中吸取溶解的养料。但近来的研究显示，它的身体组织可能与能从矿物质的化学还原反应中产生能量的细菌共生，深海蠕虫的营养可能就来自这种共生的化学自养细菌。这种细菌能利用海水中的二氧化碳和温泉中的硫化物合成碳水化合物，供蠕虫吸收。上述合成过程必须有酶的参与，而这种细菌体内就含有具有该功能的酶。另外，人们发现它栖身的管子建造速度很慢，建1毫米长也需要若干年，而管子的大小也就代表蠕虫的大小，所以3米长的蠕虫或许寿命已不短了。

管状蠕虫是深海海底热液区的代表性物种

广角镜

硫化物

硫化物，无机化学中，硫化物指电正性较强的金属或非金属与硫形成的一类化合物。大多数金属硫化物都可看作氢硫酸的盐。由于氢硫酸是二元弱酸，因此硫化物可分为酸式盐（HS，氢硫化物）、正盐（S）和多硫化物（Sn）三类。

有机化学中，硫化物（英文：Sulfide）指含有二价硫的有机化合物。

圆圆胖胖的螠虫

螠虫是一群非常有趣的动物，圆圆胖胖的身躯有20多厘米长。身体前部有一个能神奇般膨大的吻部，吻的近上端有一对金色的钩状刚毛，围绕肛门还有一圈相似刚毛，喜栖身于沙滩或泥滩的半永久性洞里。它挖洞的方法很巧妙，前部的吻和刚毛像铲车一样在前方挖掘，靠身体后部的运动和肛门处刚毛的作用像推土机一样把挖出的泥沙向后推出洞外。洞一旦打成，它就在里边安居，不受骚动它是不会离开的。

广角镜

吻 部

吻部，英文名称：rostrum；snout 定义一：在大多数管刺（Siphonodella）和多颚刺（Polygnathus）中，齿台前部窄的领状、嘴状构造。应用学科：古生物学（一级学科）；古无脊椎动物学（二级学科）定义二：头部的最前端到眼的前缘。应用学科：水产学（一级学科）；水产基础科学（二级学科）

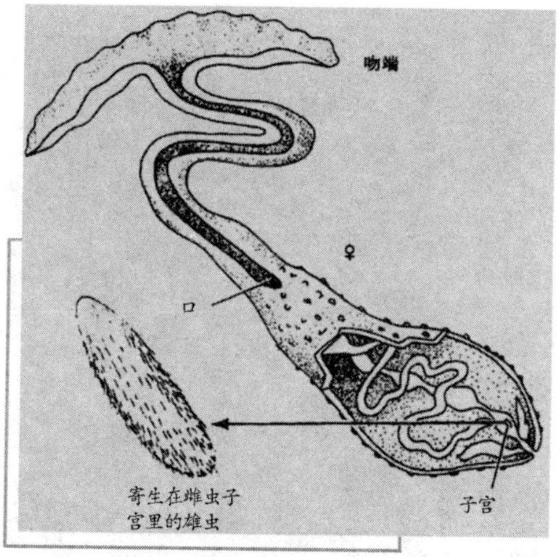

雌、雄螠虫示意图

它前部的肌肉一收缩，身体就变细，洞外的水就被吸进来，收缩波沿身体往后传，变细的部分也随之后移，后方的水也就被往外推。这种蠕动作用，就像水泵一样把洞外的水吸进来，再由后方排出洞外，使洞里的水经常保持着“为有源头活水来”的清新状态。螠虫吃食的方法也很高明，它先分泌黏液形成一个网眼很细的网，置于洞口附近，然后身体向后退，网也随之向下拉长，等拉到 5 ~ 10 厘米长时，它就在洞里停住，身体迅速蠕动使水流动，水从黏液网的网眼流过时，食物就被过滤下来。待网上积满食物时，它又上去连网带食物一起吃进去。它虽是以过滤方式捕食，但它的过滤系统完全设置在体外。

大块的食物螠虫就丢弃了，但也浪费不了，螠虫的几位“亲朋好友”会来享用。有几种海洋动物喜欢借住在螠虫的洞里，一来这里能给它们提供食物，二来比较安全。如 2 厘米长的豆蟹和 4 厘米长的多毛类蠕虫就是如此。多毛类蠕虫还总爱和螠虫靠得更近一些，以便比豆蟹更快地得到食物。还有两个常客是小鰕虎鱼和蛤。鰕虎鱼是以此洞为家，高潮时外出到泥滩上找食物；蛤不在泥滩上挖自己的浅洞，免得被水冲掉或被其他动物吃掉，而是在螠虫洞口下方的旁边挖通洞壁，把它那很短的出入水管伸进洞里，从洞内水流中吸取食物。

百足之虫——沙蚕

环节动物是蠕虫中种类最多和最为漂亮的一类，包括人们熟悉的陆生蚯蚓和水蛭，在海洋里主要是多毛类，共 5000 多种，分布范围很广，从浅海到数千米的深海，从热带海域到两极海区都有其踪影。

沙蚕可称得上环节动物的典型代表，它们在潮间带岩石上、泥滩上或沙滩上到处自由活动，红色略带乳白色的身体由一个个完全相同的体节拼成，每一节都有一对扁平的桨状附肢向两侧伸出，称为疣足。疣足上有刚毛，刚毛和肌肉相连，所以能伸能缩。长圆形的身体颇似蚯蚓，长仅 12 ~ 22 厘米。当沙蚕在海底爬行时，刚毛就牢牢地抓着地面走。它的头由两节拼成，

沙 蚕

即口前节和围口节。口前节当然是在口的前方，这里有能感光的眼，有能接受化学和触觉的触角和触须。围口节在口前节之后，长有口和 4 对有触觉作用的触毛。感觉器官向头部集中，意味着沙蚕是在前进中获得其环境信息的。肛门位于体前六分之一处的背面，外形与蚯蚓很相似。沙蚕的口部有一个能外翻的吻，平时折叠着，当体壁肌肉收缩，体液压力增大时就会迫使它翻出来。吻上有颚，能张开，随着体液压力的减小也能再合起来。肌肉收缩可以使吻再缩回去。沙蚕种类很多，仅我国海域就有 80 多种，它们活跃于潮间带的岩石、泥滩和沙滩上，不断地吞进泥沙，以泥沙中的各种植物碎屑和小动物为食。

沙蚕靠吻部肌肉的收缩能在泥沙中钻出细长的圆形穴，退潮后藏在其中，涨潮后出来活动，但海水一受扰动，它会立即钻入穴中，用细沙将洞口封住，使海滩不留洞口的痕迹。

沙蚕靠吻部肌肉的收缩能在泥沙中钻出细长的圆形穴

沙蚕平时喜欢在海底生活，随着性成熟身体形象逐渐转变，眼变大，甚至出现了透亮的晶体，部分体节上的疣足从爬行型变为游泳型，爬行刚毛渐被丢弃而代之以游泳刚毛的形成。雄性疣足上也长出敏锐的化学感受器官，以探查异性沙蚕的存在。沙蚕性成熟以后，成熟的生殖细胞充满体腔，此时经过精心打扮，换上鲜艳的婚姻盛装，雌的披上蓝绿色，雄的成了粉红色或白色，趁春季的月圆之夜纷纷游向水面，大群的沙蚕云集在一起，相互追逐，雄性有控制地一批批释放精子，雌性受到刺激后也纷纷自己断裂身体后部放出卵子，卵子在水中与精子相会而受精。亲体把生命赋予下一代以后，也就了却了自己的一生，相继被海水浪潮送上了海滩。

沙蚕是沙滩上的居民

沙蚕的味道很鲜美，鲜、干均可食用。用沙蚕煮稀饭喂幼儿有健脾滋补的食疗效果。沙蚕干与有名的鱿鱼干、紫菜干并称为“三干”，是传统美食，且有清肺、滋阴降火之功效。1981年科学家对沙蚕做药理实验，发现它可取代昂贵的冬虫夏草，有加快心率、增加冠脉血流量的作用，也是补益强身的良药，被称作海洋里的冬虫夏草。

吻沙蚕是沙滩上的居民，体长可达50厘米，体色深红或淡红，长长的吻占体长的四分之一，吻上有4个粗壮的角状颚，各有自己的毒腺。吻沙蚕在海底建造许多地下坑道，坑道之间彼此纵横相连，在沙滩表面建有许多出口。它的口前节像圆锥，顶端有4个短的触角。它是肉食性的，以多毛类和其他无脊椎动物为食。它待在洞内，若有什么动物在洞的上面运动，都会引起洞内水压发生变化，对此它是很敏感的，并趁机出击捕食。

状如蚯蚓的沙蠋

沙蠋又称海蚯蚓，也是生活在沙滩上的多毛类之一，但它不是肉食动物，而是沉积物消费者。它一边蠕动着身体将泥沙吞人消化道，消化和吸收其中的有机物，然后又将泥沙排出体外。所以它的一个洞口常堆积着小小的沙丘，这实际上是它排出的粪便，成为识别沙镯洞穴的标志。它的洞是“U”字形，沙蝎斜卧其中。当潮水将泥沙填满洞穴

沙　蠋

时，它就继续边吞边挖，就这样每天挖泥沙不止。据计算，在一条长 1600 米的海滩上，沙蠋 1 年能将 1900 吨泥沙搬到表面，用不了两年时间就能将半米厚的泥沙翻一遍。

长有羽状冠的缨鳃虫

多毛类动物按生活方式的不同，可分为游走多毛类和隐居多毛类两大类。前者是自由生活的多毛类（如沙蚕），它们到处积极活动，寻找食物，也寻求隐蔽之所；而后者则带有定居性质，住在管里、洞里或者缝隙之中，伸出长长的吻部到洞外抓取食物。还有些多毛类动物这两种生活方式兼而用之。缨鳃虫和穴居叶蛰虫称得上是两个范例。

知识小链接

多毛类

环节动物门之一纲，或作毛足纲的一目。体长形，如蠕虫，体之横切面为圆形或圆而略扁。外观环节区分明显，由同律体节分化为异律体节，分成头和躯干；或头、胸、腹、尾等部分。头部由口前叶和围口节，或进而由与之相连的数个体节愈合而成。躯干部的体节中具疣足。在最后的体节——肛节上有 1 对长的肛触须。

缨鳃虫是码头桩木上或珊瑚礁群落中的重要成员。它那美丽的花冠实际上是长在口前节的触手状突起，叫触手丝。每个腕两侧都生有侧枝叫羽枝，上面长满纤毛。当缨鳃虫从革状的管里露出它的真面目时，腕就伸展开来，围着口形成一个漏斗形的羽冠。纤毛步调一致地摆动就会形成水流，沿着冠向上流出去。水流中的食物颗粒就被网获，沿着羽枝下行运到腕部的食物沟里。

缨鳃虫

食物经纤毛从食物沟运到口，但在腕的基部首先要对食物颗粒大小进行分类，太大的颗粒必须丢弃，由须枝上的特殊纤毛运到向外排的水流中去，向上流出羽腕冠的中心。最小的颗粒才运到口里供本身享用。中等大小的颗粒它既不吃，也不丢，而是运到腹面的一个特殊囊内贮存起来，用作建造居住管道的材料。

在缨鳃虫放射腕冠的基部，是一些由身体组织形成的肌肉褶，称作“领”。它在管的顶部控制着缨鳃虫的安全。领部和腺性的腹板分泌的黏液犹如建筑上用的水泥，腹囊内贮存的中大的食物颗粒像掺在水泥中的沙子，两者混合起来产生很细的线，作为建造管状窝的材料。缨鳃虫身体慢慢滚动，这些材料就逐渐修复和增加到像袋一样但能弯曲的管的边缘上，管就慢慢加长。

巧妙取食的须头虫

须头虫喜欢以潮间带的石缝或沙滩上半永久性的洞为家，以海底表面的沉积物为食。它的口前节有许多空心的能膨胀的且长满纤毛的触手，向周围伸展开来，搜寻可以充饥的食物。一旦发现了食物颗粒，根据食物的大小用三种不同的方式运到口中。甚小的食物由触手上的纤毛形成一条浅的沟，把食物运到口里；较大的颗粒，触手沿纵向收缩蠕动，使纤毛食物沟增大，食物也会通行无阻；甚大的食物，就用触手将它缠起来，触手一收缩，可将它送到口里。每个触手都由上唇部的褶操纵着，可以独行其是，对食物大小进行分类，自己决定是运进口内或丢弃不要。这些有弹性的触手控制的范围很大，一个3～4厘米长的个体，能用触手控制半径18～20厘米的区域。位于头部的鳃，血液丰富，呈鲜红色。鳃和活跃异常的触手很容易遭受损伤，或被肉食动物一口咬去，但须头虫有能力将它修复。

多毛类动物的生殖周期和月亮的圆缺密切相关，其间的奥妙尚不清楚，如沿岸常见的盘管虫就是如此。这种直径约1～2厘米的滤食性蠕虫，喜栖于岩石上、贝壳上以及海藻上。它是雌雄同体，身体前半部有雌性生殖器官，后半部有雄性生殖器官。有些多毛类是雌雄异体，分别将卵子和精子释放到水里。盘管虫则是将受精卵保存在成体的管里，每个月释放自由游泳的幼虫。幼虫出去后就各自寻找自己的新天地。每落到一处先是来回爬动，用触觉和味觉等侦察一下环境，若地点不适宜就另寻新居。种类不同，喜欢的底质也不一样，一旦找到能适宜它长到成体的地方就安顿下来。

海洋蠕虫是许多海洋动物的美味食品，它养育着许多有经济价值的鱼虾类。其中多毛类是海洋底栖动物中的一个重要类群，种类多，数量大，出现率高，在浅海大陆架及深海底，多毛类占所有动物总量的约40%～80%，在经济鱼类的饵料中占有重要地位。有些管栖蠕虫形成的化石为地质研究提供了依据，但它们的附着也对舰船或其他水下建筑物产生不利影响。

美如鲜花的腔肠动物

HAIYANG DONGWU DALIEQI

海底的腔肠动物是非常美丽的，珊瑚花、珊瑚礁、青珊瑚、水母、海葵，这些我们觉得迷人的都是海洋里的腔肠动物，本章将一一介绍。

海底奇葩珊瑚花

提起珊瑚，谁都对它的绚丽多姿赞不绝口。若有幸来到南海诸岛潜游水下，在那碧蓝清澈的海水底层，就会见到一片片、一簇簇珊瑚，像怒放的花朵争妍斗奇。大者一两米高，小者仅几厘米。它们种类繁多，形态各异。鹿角珊瑚颇似驯鹿头上多歧的鹿角，石芝珊瑚很像破土而出的蘑菇，蜂巢珊瑚酷似结构精巧的蜂巢，脑珊瑚的确像沟回发达的大脑，蔷薇珊瑚犹如一朵朵盛开的蔷薇，柳珊瑚像随风拂动的柳枝，还有的像苍松翠柏，像菊花牡丹，像伸展的手掌，像打开的圆扇，像扁扁的盘、圆圆的球等，可谓千姿百态。看那颜色，红的像玛瑙，绿的似翡翠，黄的像琉璃，五颜六色。难怪人们称它海石花，它不是鲜花，却胜是鲜花。

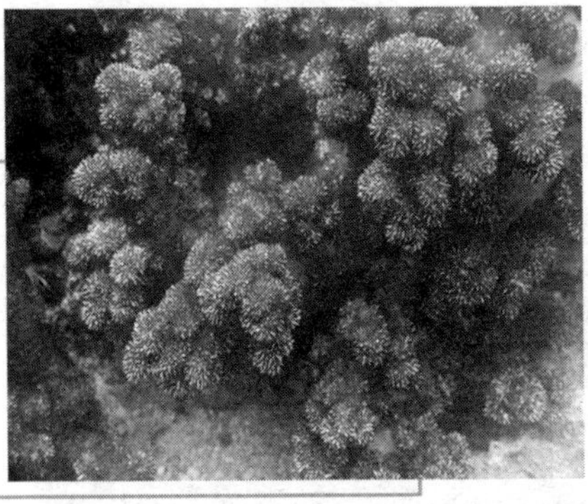

珊　瑚

营造这美丽海底世界的珊瑚虫，在动物分类学上属于腔肠动物，和淡水中的水螅及海水中状如菊花的海葵是同类，所以珊瑚虫的结构与海葵相似，基部有一个石灰质的底座，成环状，环壁向中央成辐射状地伸出许多隔膜，上部是袋状软体部，顶部是

拓展思考

腔肠动物

腔肠动物大约有1万种，有几种生活在淡水中，但多数生活在海水中。这类水生动物身体中央生有空囊，因此整个动物有的呈钟形，有的呈伞形。腔肠动物的触手十分敏感，上面生有成组的被称为刺丝囊的刺细胞。如果触手碰到可以吃的东西，末端带毒的细线就会从刺丝囊中伸出，刺入猎物体内。

口，周围有一圈触手，身体中央是消化腔。体壁主要由内胚层和外胚层构成，两层之间还有一个中胶层。触手将浮游动物摄人消化腔内进行消化、吸收，所剩的残渣再经口部排出，可见它是很低等的动物。它的身体很小，一个珊瑚虫充其量不过一粒大米那样大。

缘何又名“虫植体”

有人认为，珊瑚是印度人在公元前5世纪发现的，也有人认为是意大利人约在2000年前首先发现的，还有人说埃及十八王朝（前1567—前1304）的墓穴中就有浅红色珊瑚假牙，说明珊瑚的发现时间还要早。但18世纪40年代以前，人们都把它看作是长在海底的植物。1774年有一位法国人在北非海岸考察中发现，珊瑚样子像植物，但实际上是动物。可是他的发现很难打破人们的传统观念。到了18世纪40年代以后，科学家在研究珊瑚的发育过程中发现了它的动物特征，从此称它“虫植体”，即动物兼植物。又过了整整一个世纪，生物学家研究它的胚胎发育才发现，它的石灰质骨骼是由它的软体部分分泌的，是动物性的，从此才把它真正当动物看待。

珊瑚实际上是动物

我国是最早发现和利用珊瑚的国家之一。据传大禹治水时就开始利用珊瑚了。先秦时代《山海经·海中经》记载：“珊瑚出海中，岁高二三尺，有枝无叶，形如小树。”汉代《说文解字》中说：“珊瑚，赤色，出于海。”东晋葛洪所著《西京杂记》等书记载，汉代就已开始利用珊瑚了。

触手非六即是八

珊瑚虫多营群体生活，成千上万个珊瑚虫生活在一起

珊瑚的种类相当多，有6500多种。人们把它分成两类。一类是触手和隔膜为八个或八的倍数，称八放珊瑚，如紫红的笙珊瑚，蓝色的苍珊瑚，灌木林似的海柏、海鸡冠、海鳃，及珍贵的红珊瑚都是，柳珊瑚也是八放珊瑚，它们有的像扇，有的似牧羊鞭，或如落地灯，或似干木枯枝。另一类其触手和隔膜由里往外数，按六的倍数增加，称六放珊瑚，如石芝等。

珊瑚虫多营群体生活，成千上万个珊瑚虫生活在一起，靠石灰质骨骼彼此相连，多呈筒状，直径从几毫米到两厘米。它们的隔膜被一种小肠道系统联在一起，可以说它们有多张嘴，只一个共同的“胃”。黄昏来临，珊瑚虫的肉体部分从骨质壳内伸出来，张开触手，像一朵朵怒放的花朵，猎取可口的美味。石珊瑚虫的骨骼是其外胚层的生骨细胞形成的。它首先从海水中吸收钙，与二氧化碳结合生成碳酸

趣味点击　笙珊瑚

笙珊瑚，刺胞动物门（Cnidaria）珊瑚纲（Anthozoa）笙珊瑚属（Tubipora）动物。笙珊瑚（T. musica）是唯一经研究的种，生长于印度洋和太平洋浅水水域的珊瑚礁。水螅体形长，直立，平行排列，有碳酸钙质的坚韧骨骼。触手有时绿色，骨骼鲜红或绯红。虫体死亡后，剩下形似笙或风琴管的管状色鲜艳的骨骼，故名。

分布：印度洋中部至太平洋西部沿岸，水深0～10米的水域。

钙，然后释放出结晶，渐长成骨骼，犹如作茧自缚，将身体紧固其内。这对它很有好处，可使它免受海浪的冲击。这些珊瑚骨片愈合成各种形状，像针、像管等。珊瑚虫死亡后其遗骨就成为珊瑚，其上又会长新珊瑚虫。所以新一代的珊瑚虫总是在先辈的坟墓上建造自己的巢穴，并像金字塔一样，一代一代步步向上增高。有些珊瑚虫体内根本没有骨骼，死后当然一无所留。真正参与造礁的只有八放珊瑚中的笙珊瑚、苍珊瑚及六放珊瑚中的多数石珊瑚，总计不过600多种。石珊瑚群体外形宛如人脑，大者如干草垛，小的似小孩的拳头。

珊瑚喜生活于热带、亚热带，水温13℃～36℃，盐度为24～40度，透明度高的浅海水域。由于造礁珊瑚软体内还共生一种微小的藻类——虫黄藻或叫动物黄藻，这种藻同样需要阳光进行光合作用，所以它们只分布于水深不足70～80米的水域。非造礁珊瑚体内无虫黄藻共生，其分布区域则不受上述条件的限制，南北可到两极，深可达6000多米深。虫黄藻与珊瑚互惠互利，前者向后者提供光合作用的产物——氧和碳水化合物，加速珊瑚的生长；反过来珊瑚代谢中的二氧化碳和排泄物中的氮、磷等，又为虫黄藻提供了必要的营养物。若这种共生链遭到破坏，二者将无法生存下去。

珊　瑚

积沙成丘珊瑚礁

造礁珊瑚的生长速度并不快，块状种类年增长不过数厘米，板状者年增长4～5厘米，枝状者年增长10厘米以上。珊瑚群体能像树上长芽一样在边缘上长出芽体，每个芽体就变成新的珊瑚虫。这样，子生孙，孙又生子，子

珊瑚礁

子孙孙几世同堂，使珊瑚不断扩大，群体之间不断重新聚合，且不断增高加宽，常言道积沙成丘，无数小珊瑚体就逐渐形成巨大的珊瑚礁。

珊瑚礁的形成并非全是珊瑚虫的功劳，还有许多生物的作用同样不可忽视。珊瑚藻分泌的钙质鞘和珊瑚的骨骼很相似，能紧紧附在岩石表面。多孔螅也能分泌碳酸钙形成骨骼，和石珊瑚长在一起。海绵中有些种类亦有钙质、硅质或角质骨骼，亦有造礁作用。

基本小知识

珊瑚藻

珊瑚藻（Kappaphycus），又名钙化藻，属红藻植物门，珊瑚藻科，又称为耳突麒麟菜。它们的叶状体坚硬，原因是细胞壁中含有石灰。一般都呈粉红色，有些呈红色、紫色、黄色、蓝色、白色或灰绿色。珊瑚藻分布在世界各地的海洋，覆盖着接近100%的岩石下层。珊瑚藻含丰富的水溶性膳食纤维和胶原质以及全方位珍贵的微量元素：钙、铁、镁、钾等，尤其是钙质，是属于水溶性钙质，容易被人体吸收，而且含量特别多。

珊瑚礁有大有小，离海岸有远有近，大致可分三类。第一类是岸礁。它沿海岸或岛屿周围延伸，像一条彩裙，又像一道坚实的屏障，保护着海岸免受海浪的冲击，有人又叫它裙礁。红海沿岸的岸礁有2700多千米长。第二类是堡礁。它与海岸隔海相望，其间隔有几十米深的礁湖，大致与海岸平行延伸。如，世界著名的是澳大利亚大堡礁。第三类叫环礁，它呈圆形、椭圆形或不规则环形，如岛屿下沉，周围的珊瑚礁就是环礁。全世界有330多个环礁，最大的如马绍尔群岛上的夸贾林环礁，面积在1800平方千米以上。

未露出水面的珊瑚礁称作暗礁，也被称作航海者的坟墓，因稍有不慎，船就容易触礁沉没。由于珊瑚虫还能进行有性繁殖，受精卵在消化腔中发育成浮浪幼虫，由口部排出随水漂流，不断扩大其分布范围，所以静卧海底的沉船用不了多久也会长满珊瑚。

埃及金字塔被诗人昂蒂伯特于公元前200年称作古代世界七大奇迹之一。但最高的“法老”胡夫的金字塔也不过高146.6米，与太平洋上的任何一个环礁都无法相比。大堡礁和珊瑚海被国际环境保护、教育、潜水、考古及博物组织于1989年9月评为世界水域七大奇观之一。它的确当之无愧。澳大利亚东北海域的大堡礁，南北长达2000千米，东西宽65千米，低潮时露出水面的面积有8万多平方千米，储存的礁石可以建造800万座金字塔。这些礁石是一个个小珊瑚虫建造而成，所以珊瑚礁的历史都比较悠久，长达几千年、几万年甚至百万年。

风光秀丽珊瑚岛

珊瑚日积月累，珊瑚礁可以渐高出水面，但遭海浪的剧烈冲击时，高出水面的部分容易断裂，这些断裂的残体就会陷落并填补进其下的缝隙之中。珊瑚虫仍以顽强的毅力在这扩大的废墟上继续蔓延生长，使其渐成巨大的浅滩，浅滩高出水面时就成了珊瑚岛。大堡礁和珊瑚海里星罗棋布地散布着600多座珊瑚岛。岛的形状各异，有的像巨大的舰艇，有的似圆形古堡，也有的类似铁塔冲天耸立。珊瑚经风化而粉碎，加上腐烂的藻体和聚集的鸟粪，渐渐形成良地沃土。乘风而来或被海鸟带来或被海流

珊瑚岛

冲来的草、树种子就会在此生根发芽，开花结果，把珊瑚岛变成一个个风景迷人的绿洲。那里不仅有高大的椰林、棕榈树，有诱人的香蕉、菠萝，而且有矮小的灌木和花团锦簇的繁花绿草，仅我国西沙群岛上的植物就有166种。它们或挺拔苍劲，或绰约婆娑，或青翠欲滴，或飘香万里，加之海鸟展翅凌空，海龟接踵而至，鸟啼蝉鸣，蜂飞蝶舞，使其成为风景如画、生气勃勃的宝岛。

礁盘之中生物多

珊瑚礁为许多海洋生物提供了优异的环境和庇护所，形成一个特殊的珊瑚礁生态系统，有着复杂的生物群落。那里不仅有五彩缤纷的海藻，还有五光十色的贝类、披盔舞螯的虾蟹和种类繁多的鱼类，从单细胞动物到脊椎动物各个门类都有，科学家估计达3.5万种至6万种之多。硅藻、蓝藻和甲藻等浮游藻的繁衍，形成了食物链的基础，促进了浮游动物的蓬勃发展。浮游动物的丰富又吸引来大量的其他动物。仅西沙群岛的贝类就有500多种，还有海参、海星、海蛇尾、海胆及龙虾、梭子蟹等。珊瑚礁鱼类有300多种，如珊瑚

拓展思考

海　鳝

海鳝（Muraenidae），分布于热带和亚热带海洋，生活于浅水，栖于岩礁间并隐在缝穴内。与其他鳗类不同之处是鳃孔小而圆，一般无胸鳍。皮厚，光滑，无鳞。口大，牙坚利，适于捕捉及咬住猎物（主要是其他鱼类），也能严重伤其天敌，包括人类。海鳝于受侵扰时才会攻击人类，此时可变得十分凶恶。海鳝是海底的隐居者。他们在礁石的洞中或海底的凹地中过着隐居生活。海鳝有着宽大而尖锐的牙齿，以适应捕食无脊椎动物和小鱼的需要。

鱼、神女鱼、镰鱼等。它们外形奇特，花纹斑斓，有的鲜红，有的湛蓝，有的翠绿。一有风吹草动，立即隐身于礁石的缝隙之间。还有阴险的海鳝也躲在岩礁之间，伺机偷袭游近的猎物。身体细长、体色银白的虾鱼经常成群结队地头朝下游泳，一受惊动就躲在海胆的长刺之间。绿藻、褐藻等定生藻类像地毯一样覆盖在礁石上。

珊瑚礁有如此多的生物，其原因是那里的生产力高，大洋中一个小珊瑚礁的生产力比其周围的海水生产力高得多，比温带的岩礁地也高数倍。这是因为体内有共生藻类的造礁珊瑚立体地成长，能充分利用空间和光线的缘故。所以人们把珊瑚礁比作海洋中的热带雨林。陆上的热带雨林占地球面积的 2.3%，大约生活着 90 万种生物，约占已知物种的 64%。珊瑚礁约占全球面积的 0.1%，在已知的 50 万种海洋生物中 3.5 万种至 6 万种生活在珊瑚礁中，比热带雨林的生物稀少一些，这或许是有些物种尚未被人类所发现的缘故。

珊瑚礁为许多海洋生物提供了优异的环境和庇护所

腰下宝珠青珊瑚

珊瑚礁区域往往成为“风景这边独好”的旅游胜地。人们漫步其上，捡珊瑚、拾贝壳，其乐融融。

珊瑚在能工巧匠手中可以制成各种精致的工艺品。如粉红珊瑚、黑珊瑚、金珊瑚和竹珊瑚等，能制造价值高昂的艺术品，人们常称它们是珠宝珊瑚。珠宝珊瑚业最初在地中海沿岸兴起，现多集中在太平洋地区，菲律宾、日本

黑珊瑚树枝

处主宰地位，我国台湾也有珠宝珊瑚加工业。1989 年世界出产的粉红珊瑚价值 6000 美元以上，而且价格还在不断上涨。

我国古代就用珊瑚制品做饰物。《晋书》载：“魏明帝好妇人之饰，改以珊瑚珠。”即将皇帝冕前的后旒由珍珠改为珊瑚珠。《清史稿》载雍正年间规定一品官、二品官的帽顶都是珊瑚顶。唐代大诗人杜甫有“腰下宝珠青珊瑚”的诗句。唐代文学家罗隐《咏史》诗：“徐陵笔砚珊瑚架，趣胜宾朋玳瑁簪。”元赵孟頫《咏珊瑚》诗：“仙人海上来，遗我珊瑚钩；晶莹夺凡目，奇彩耀九州；自我得此宝，昼夜玩不休。”皆赞赏珊瑚工艺品之精致、贵重和令人喜爱。用珊瑚建造的房屋美观耐用。我国台湾有许多街道用珊瑚铺成，坚固而平坦。有些珊瑚可做药用，能提炼出前列腺素。有的珊瑚用来制造水泥和石灰。古珊瑚被用来判断地质年代，寻找储油层等。近代人们用珊瑚骨骼制造能用以制造光纤与电缆的晶体纤维束。法国一位医生用珊瑚为人接骨，因为它含钙 98%，与人骨很接近。现在愈来愈多的伤残人在腿骨和颌骨中装接了珊瑚骨骼。

黑珊瑚骨骼

珊瑚礁中有些鱼类如鹦嘴鱼、隆头鱼、叉鼻鲀等，上下颌的牙齿愈合成板状，像钳子一样厉害，专门啃食活的珊瑚，显然是珊瑚的冤家。对珊瑚危害更大的是海星，大量繁殖后的海星能像农田的蝗虫一样，成群结队袭击珊瑚礁。如长棘海星爱吃珊瑚，尤嗜吃造礁珊瑚，它们也像其他海星一样，把胃翻出来盖在珊瑚上面，向可食的部分分泌消化酶，消化后溶解的部分就被海星的胃吸收，使珊瑚死亡。

基本小知识

鹦鹉鱼

鹦鹉鱼或称鹦嘴鱼，体长而深，头圆钝，体色鲜艳，鳞大。其腭齿硬化演变为鹦鹉嘴状，用以从珊瑚礁上刮食藻类和珊瑚的软质部分，牙齿坚硬，能够在珊瑚上留下显著的啄食痕迹。鹦鹉鱼能用咽部的板状齿磨碎食物及珊瑚碎块。体长可达1.2米，重可达20千克。体色不一，同种中雌雄差异很大，成鱼和幼体鱼之间差别也很大。鹦鹉鱼可以食用，但整个类群经济价值不大。带纹鹦嘴鱼（Callyodon fasciatus）是印度洋－太平洋地区的主要鹦嘴鱼，长46厘米，雄鱼绿橙两色或绿红两色，雌鱼为蓝色和黄色相间。大西洋的种类有王后鹦嘴鱼（Scarus vetula），体长约50厘米，雄性体色蓝，带有绿、红与橙色，而雌鱼呈淡红或紫色，有一白色条纹。

混沌七窍俱未形的水母

水母亦称海蜇，与海葵同属腔肠动物，但与珊瑚似有天壤之别。水母全身柔软，没有坚硬的骨骼，整个身体分上下两部，上部是圆形伞部，样子很像帽子和蘑菇，下部垂挂着许多须状物，称作腕或触手。在海水中，水母像是一团团半透明的胶状体，似成形又未成形，时起时落，随波荡漾。宋代沈与求诗称："复如缁笠绝雨缨，混沌七窍俱未形。块然背负群虾行，嗟其巧以怪自呈。"晋代张华在《博物志》一书中也有记载："东海有物，状如凝血，纵广数尺周围，无头，无眼，无内脏，众虾附之，随其东西。人煮食

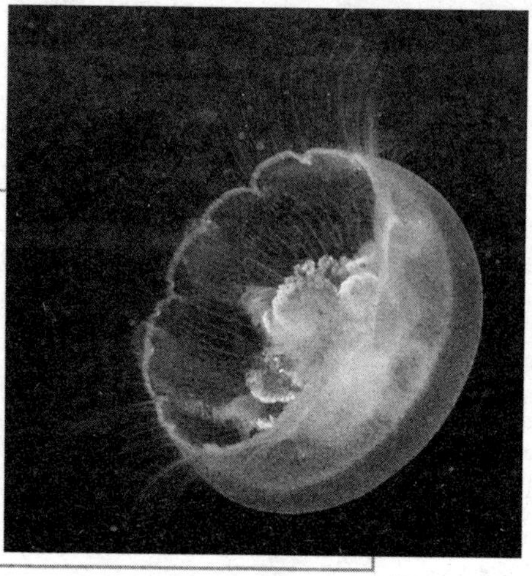

水 母

之。”大型水母伞部直径可达1米。沙蜇伞部直径达1.6米，重175千克。面蜇略小，伞部直径约40厘米。水母伞部呈青蓝色或暗红色或暗褐色。

水母伞部内面有一层强有力的环状肌肉，它有节律地收缩和舒展，就会把水从伞部下排出又吸入，靠水的反作用力推动身体，收缩时向上浮起，舒展时就下沉，上上下下，就像火箭一样。它也能轻快地漂游着，当然速度不快，每秒移动7厘米左右。

长短不一的触手或腕是它的捕食工具，也是它自卫和进攻的武器。北方冷水域的霞水母，触手伸展开可达30多米。箱水母60多条3米多长的带状触手上密布许多刺细胞，刺细胞内有毒刺和内装毒液的囊，一遇到鱼虾等猎物或受到刺激，便将致命的毒刺刺入猎物，将毒液注入使其中毒而死，再将其送入口中。

丝带水母

尽管水母如此危险，但有些刚孵出的小鱼和小虾等小动物，却喜欢聚拢到水母的伞下寻求保护，当然是以不被水母的触手捕到为限。元代谢宗可《海蜇》诗写道：“层涛拥沫缀虾行，水母含秋孕地灵。海秋冻凝红玉脆，天风寒结紫云腥。霞衣褪色冰延滑，橘缕烹香酒力醒。应是楚江萍实老，忽随潮信落沧溟。”

水母的生活史比较简单，以海月水母为代表来看，水母体是其生活周期中最大也是最主要的生活阶段，直径有10～20厘米，常在沿岸水域聚成大群。这种水母是雌雄异体。雌性在口腕部孵卵，一直到它发育成自由游动的浮浪幼虫阶段。浮浪幼虫经短期自由游动后，就固着在一个坚硬的地基上发展到水螅虫阶段称作螅状幼体，此时它捕食浮游动物。然后进入横裂过程，整个身体分裂成一个个小的水母体，就像仰放在地上的一摞帽子。此时的水螅虫就称横裂体。以后，这些无性生殖的小水母被释放出去，游向四面八方，成熟以后再一次重复这一过程。

拓展思考

浮浪幼虫

亦称浮浪幼体或实囊幼虫；复数作planulae。

一型可自由游泳或爬行的幼虫，常见于腔肠动物门（Cnidaria，水母、珊瑚、海葵等属之）中的许多种。体或多或少呈圆柱形或卵形，并长有众多用来移行的纤毛（微小的毛状突出物）。刺胞动物体的两基本型——水螅体（polyp；柄状附著型成体）与水母体（medusa；钟状或伞状自由游泳型成体）皆可产生之。

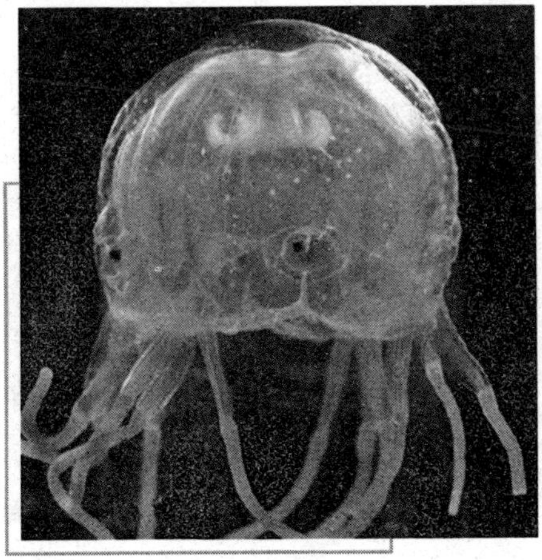
箱形水母

水母的身体柔软脆弱，不堪一击，似难以长久维系。但它有两个卓绝的本领保护自己昌盛不衰。一是以上述的剧毒触手作武器，使其不会被其他动物所消灭；另一个是它有特殊的耳朵，能听到风浪引起的次声波，使它在风浪到来之前就悄然隐于水下，不会被海浪击碎。人耳能感受到的声波频率是20～20000赫兹，而0.0001～20赫兹的声波为次声波，它在海里传播很远，甚至能

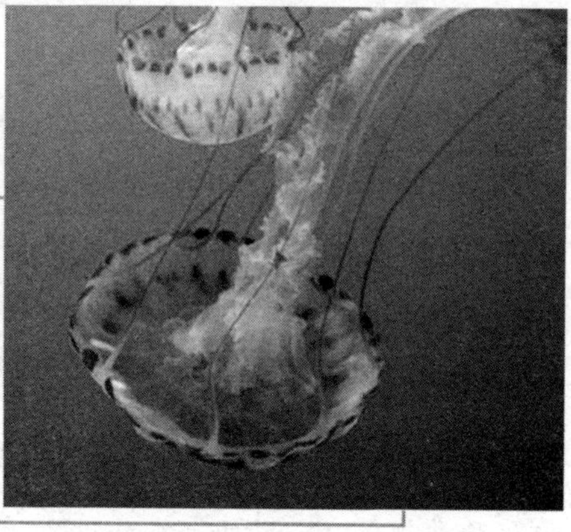

水 母

绕地球几圈，而且速度很快。强风与巨浪摩擦就会产生 8 ~ 13 赫兹的次声波，远处的风暴来到之前，水母能提前探测到，尽早逃之夭夭。所以经常会见到，一夜间水母大量拥来，绵延数里的海面上几乎是一片洁白，夜间还闪烁着磷光，非常壮观，而在暴风到来之前，又飘然无踪。渔民也常依水母的行踪判断天气的变化。有人仿水母结构设计了“水母耳”，可提前 15 个小时做出风暴预报。

海蜇的营养价值很高，含蛋白质 12.3%，脂肪 0.1%，糖类 4%，还含有很多铁、钙、磷和大量维生素。其伞部可加工成海蜇皮，腕部可加工成海蚕头，无论煮、腌、凉拌、炸食均可；还可入药，有消积、化痰、除湿、祛风之效，也可治头风、白带等病。海蜇资源丰富，我国加工后年产量为 1 万 ~6 万吨。

似花非花的海葵

海葵属腔肠动物，圆柱状的身躯靠底部强有力的吸盘牢牢地吸在海底的岩石、淤泥上，甚至吸附在贝与蟹的外壳上，即使海浪冲击，也不会把它们冲掉。它们有大有小，小者如米粒，高仅 0.05 厘米，直径 0.2 厘米，稍大者如手指，再大者如碗口，更大者体高达 30 厘米，口

海 葵

盘直径达 60 多厘米。热带海洋的大海葵，口盘直径有 1 米多，身躯上端是它的圆盘状的口，口周围长满柔软的触手，触手有各种奇异的色彩，状如卷包花心，或似金丝下垂，或呈放射状向周围伸展着，犹如海底绽放的菊花。有的种触手只有一圈，有的种触手排成数圈，由内层往外按六的倍数增加，多者达 200 余条。触手在水中不停地摇摆，犹如风中摇曳的花辦。许多缺乏经验的小鱼、小虫、小虾常漫不经心地游过来，好奇地探查这不知名的花朵，却突然被快速收缩的触手所擒获，还未来得及作出反应，就被触手里的刺细胞杀死，成了海葵的果腹之物。在受到巨浪等强烈刺激时，触手会收缩起来，使整个海葵收拢成球形，看起来像一块石头，或缩进海底的泥沙中。海葵呈现的鲜艳色彩，是海葵组织中共生有单细胞藻类的缘故。它所产生的碳水化合物能被海葵利用。除捕捉小鱼小虾外，单细胞藻类也是海葵的基本食物之一。

知识小链接

海　葵

海葵（学名：Actiniaria），六放珊瑚亚纲的一目。虽然海葵看上去很像花朵，但其实是捕食性动物。这种无脊椎动物没有骨骼，锚靠在海底固定的物体上，如岩石和珊瑚。它们可以很缓慢的移动。海葵非常长寿。寄居蟹有时会把海葵背在背上作为伪装。

海葵目（Actiniaria）六放珊瑚亚纲的 1 目。共有 1000 种以上。广布于海洋中。一般为单体，无骨骼，富肉质，因外形似葵花而得名。口盘中央为口，周围有触手，少的仅十几个，多的达千个以上，如珊瑚礁上的大海葵。

世界各海洋都有海葵，它们一般生活于浅海中，但在万米深处也能见其踪迹。有些种营附着生活，也有些种浮于水面，随波逐流。营附着生活的海葵也并非不能运动，它们特殊的活动方式之一是翻筋斗，即以触手代足，交替打转，慢慢向前移动。

多数海葵喜独居

多数海葵喜独居，个体相遇时也常会发生冲突甚至厮杀。二者常是触手接触后都立即缩回去。若二者属同一无性生殖系的成员，就逐渐伸展触手，像朋友握手相互搭在一起，再无敌对反应。若属不同繁殖系的成员，触手一接触就缩回，再接触再缩回，然后彼此剑拔弩张，展开一场厮杀。先是口盘基部的特殊武器即边缘结节（瘤）胀大，内部充水，变成锥形，继而体部环肌收缩，使身体变高，然后将整个身体向对方压去，在压倒对方的一刹那，立即将延长的结节朝对方刺去，结节顶端有大的有毒的刺胞，若刺到对方会立即射出毒液。双方总是你来我往，以牙还牙。几分钟后弱者也常主动撤退，脱离接触。若无隐身之所，它会使身体浮起来，任海水把自己冲走。若无任何退路，就会不停地遭受攻击，时间一长，也难免一死。它们争斗的主要目的是争夺生存空间。有的海葵如直径有 15 厘米的连珠状大海葵，能捕食海星。据观察，当猎物接近时，它突然用触手拥抱猎物，并同时向其射出数百到数千个刺胞，很快将其杀死。和海星等大的其他猎物，海葵也能很快将其置于死地。

海葵那美丽而饱含杀机的触手虽然厉害，但却以少有的宽容大度，允许一种 6 ~ 10 厘米长的小鱼自由出入并栖身其触手之间，这种鱼就叫双锯鱼，也称小丑鱼。其实双锯鱼并不丑，橙黄色的身体上有两道宽宽的白色条纹，娇弱、美丽而温顺，缺少有力的御敌本领。它们有的独身栖于一只海葵中，有的是一个家族共栖其中，以海葵为基地，在周围觅食，一遇险情就立即躲进海葵触手间寻求保护。它们这种关系属共生关系，海葵保护了双锯鱼，双锯鱼为海葵引来食物，互惠互利，各得其所。除双锯鱼外，与海葵共生的鱼还有十几种。

海葵有美丽而饱含杀机的触手

双锯鱼并非生来就不怕海葵触手的毒刺，而是要经历一个驯化的过程，这个过程的时间可长可短，从几分钟到几个小时，因鱼和海葵的种类不同而异。鱼先用尾巴或腹面的一部分去碰海葵的触手，被刺一下就快速离开，然后再回来，将其身体越来越多的部分和触手接触，直到能全身没入触手丛中而无任何影响。双锯鱼是如何获得对海葵的免疫力的有很多理论进行解释。一种理论认为在双锯鱼和海葵的最初接触中，鱼的体外黏膜发生了质变，这种变化提高了海葵刺胞发射的阈值，所以它们接触中就不会引起海葵毒刺的发射。另一种理论认为在最初的接触中，鱼身上逐渐沾满海葵的黏液，使海葵分辨不出哪是小鱼，哪是它自己，所以就不放毒。有人实验，把双锯鱼身上的黏液全部擦洗干净，再放回去，双锯鱼就失去了对海葵的免疫力。

海　葵

除双锯鱼外，和海葵共生的还有小虾、寄居蟹等其他动物。每个海葵通常共生着 5 ~ 7 只小虾，多者可达几十只；共生的寄居蟹一般是雌雄一对，且双双保护自己的领地，不准其他蟹侵入，遇有借宿者会引起一场殊死搏斗。这些动物受着海葵的保护，它们也奋力保护着海葵。据科学家实验，如果把双锯鱼等海葵的共生者全部取走，海葵的活动就大大降低，有些就索性停止活动。不久，蝴蝶鱼就会纷纷游来用尖细的长嘴吞食海葵，用不了多长时间，它们就会把能找到的海葵消灭干净。

身披盔甲的甲壳动物

对虾并非是成对的，加工虾皮的是毛虾。还有貌似威武的龙虾、到处横行的蟹。这些身披盔甲的甲壳动物不但种类繁多，而且还非常美味。

并非成对的对虾

在繁多的甲壳动物中，还是先从人们熟悉的对虾谈起。

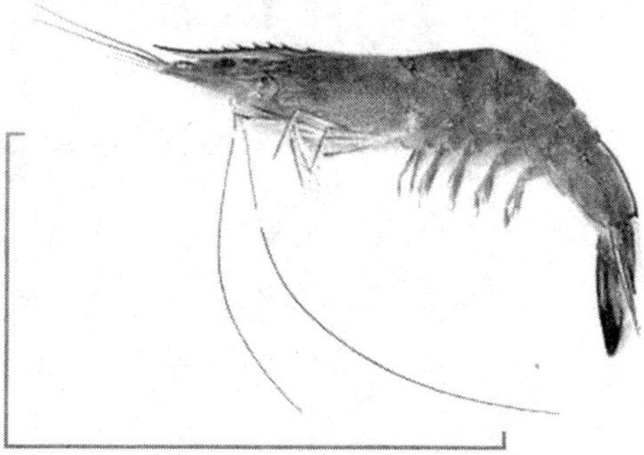

对虾有着细长如梭的身体

对虾有着细长如梭的身体，多数长18～23厘米之间，大者长26厘米，重60～80克。也有特大的个体。据报道，1996年8月，广西一渔民在北部湾捕获了3只特大对虾，共重1.42千克，最大的一只重0.49千克，虾身长49厘米，连须长近1米。对虾的身体分为头胸部和腹部，头部有两对红色的长须，叫触须，比它的身体长2.5倍，沿身体两侧伸向后方，显得英姿飒爽，古时谑称长须公、虎头公、曲身小子。长长的眼柄上有一对黑色的眼睛，随眼柄转动，能使它眼观六路。它有十对附肢，所以称十足类，五对用于捕捉食物和海底爬行，五对用于游泳。尾部是扁平的尾扇。

对虾个体较大，过去是按对销售计价，按对计算捕捞量，久而久之，对虾就成了它的名字。明代李时珍《本草纲目》称："闽中有五色虾，亦长尺余，彼人两两干之，谓之对虾。"人们在"对虾"前面冠以"中国"二字，叫中国对虾，也称东方对虾。

对虾的生命非常短暂

对虾主要分布于黄海、渤海，平时栖于海底，喜在泥沙底质的海底活动，以捕捉小型甲壳类的幼虫或硅藻为食，沙蚕、海蛇尾等也是对虾最爱吃的食物。黄海渤海不仅为对虾提供了丰富的食源，也提供了适宜的环境条件，很适于对虾的生长、发育和繁衍后代。

每年，对虾在黄海南部度过严寒的冬季。当春风送来春天的信息时，从3月开始，对虾就成群结队，一批一批北上进行生殖洄游。对虾喜欢在河口附近产卵，渤海沿岸是它繁殖发育的好地方。所以，北上的大群对虾，绕过山东高角，经过上千千米的漫长旅程，于5月初游到渤海湾和辽东湾沿岸浅海处。5月上旬，雌虾不顾路途的疲劳，把满腹的希望播撒给大海，产下几十万、几百万甚至上千万粒卵。对虾卵很小，400粒卵排在一起才有1厘米长。对虾的生命是非常短暂的，产卵以后的亲虾见不到将要出生的子女就与世长辞了，为后代留下一个广阔的生活空间。

对虾卵经过发育而成幼虫。它体积很小，长只有三分之一毫米，样子奇特，和成虾几乎没有任何相似之处，需要经过复杂的变态过程才能长成成虾。初期的幼虾叫无节幼虫，每生活一段时间就要蜕一次皮，每蜕一次皮，身体就长大一些，样子也变一些。蜕六次皮后发展为蚤状幼虫，以后再发展为糠虾幼虫，再蜕三次皮后才长成只有6毫米左右的仔虾。此时它们甚贪食，生长也快，仅半年时间就长得和成虾相似了。当然从孵化出来到长成成虾，道路漫长而坎坷，不少成员夭折了，还有些充当了其他

广角镜

无节幼虫

后无节幼虫（metanauplius）是甲壳类浮游性幼虫的第二期，仅次于无节幼虫。腹部已从头胸部分化，可见少数体节，后端分为两枝，形成叉尾（caudal fork），其间的凹陷为肛门开口。无节幼虫只有第一触角、第二触角和大颚三对附肢。后无节幼虫在后方还生有第一小颚、第二小颚和一对或两对颚足。此期以后，各目的发生情况有所不同，例如十足目，后无节幼虫→蝾状幼虫；大（长）尾类（虾），糖虾期→成体；短尾类（蟹），后蚤状幼虫→大眼幼虫→成体；歪尾类（寄居蟹），后蚤状幼虫→寄居蟹后期幼虫→成体；蔓足类（藤壶），后无节幼虫→腺介幼虫→成体。

动物的美餐，有些在变态蜕皮过程中受挫而丧命，只有部分成员闯过一次次劫难，成为幸运者顽强地生存下来。幼虾经过几个月的摄食和生长变化，至秋末都由幼年进入成年，身体长大了，性成熟了，于是就忙于寻求配偶，交配结合。

对 虾

成熟雌虾往往会释放一种化学物质，以向雄虾通报本身的生理状况，吸引雄虾。雄虾得到信息后也会立即跟踪而来。双方一旦情投意合，雄虾就在一旁耐心等待，雌虾就抓紧在交尾前蜕一次皮，换上新衣。一旦蜕皮过程完成，在新皮尚未变硬之前，雄虾便立即与雌虾腹面相对而抱，将装有精子的精子夹顺利地送入雌虾的交接器内。雌虾将精子保存在胸部的纳精囊内，待来年春季回来产卵时再一边产卵一边释放精子，使卵子受精。对虾很奇特，不是在生殖季节雌雄同步产卵排精，而是先交配，精子在雌虾体内保持数月之久。

冬天就要到了，阵阵北风送来北方的寒意，天气变冷，海水渐凉。对虾耐不住寒冷，成群结队沿着先辈走过的路径，开始了向南方即向黄海南部较深海域的越冬洄游，到那里养精蓄锐度过寒冬。也就在对虾每年冬季南下、春天北上的过程中，形成两次捕捞的好时机。

当然并非所有虾类都像中国对虾那样把卵产到大海里就撒手不管了。有的虾是把卵产在卵袋内孵化；有的是产卵以后，雌虾把卵收集起来黏成核桃一样大小的卵块，用前方的脚抱住卵块孵化，并不断地转动卵块以保持其清洁。几周的时间雌虾不吃不喝，忍饥挨饿，用期盼的眼睛，耐心地看着一个个小虾出世。我国沿海有 50 多种对虾，除中国对虾外，还有身体略小的新对虾，具棕褐色横斑的斑节对虾和短沟对虾，分布于广东、福建等地海域的长毛对虾等。世界上有不少对虾经济价值较大，如分布于北美洲大西洋沿岸的多毛对虾年产量达 10 万吨，印度的龙头对虾、法国的三沟对虾、日本的日本对虾等都是重要经济虾类。1989 年世界虾类总产量为 220 万吨，其中养殖虾类占 26%，而新对虾则占养殖虾总产量的 15%。

加工虾皮的毛虾

毛虾是一类重要虾类，样子像对虾，但体很小，长一般只有 3～4 厘米，体侧扁，壳很薄，全身透明，两对长长的红色触角状如红毛，又称红毛虾。全世界的毛虾有 10 多种，世界各地浅海都有分布。印度、日本和我国都是盛产毛虾的国家。毛虾也是我国产量最高的经济虾。毛虾成群结队，生活于沿岸浅海，喜浮游于水层中，不愿在海底爬行。毛虾繁殖很快，一年可以产两代，所以数量很多。我们吃的虾皮、小虾米、虾酱与虾油等多由毛虾加工而成，当然毛虾还可以鲜食。毛虾寿命短暂，来去匆匆，最长也只能活 1 年。

拓展思考

脊尾白虾

脊尾白虾。Palaemon（Exopalamon）carincauda Holthuis 甲壳纲，十足目，游泳亚目，真虾族，长臂虾科，白虾属。中国沿海均产之，尤以黄海和渤海产量较多。脊尾白虾为近岸广盐广温广布种，一般生活在近岸的浅海中，盐度不超过 29‰的海域或近岸河口及半咸淡水域中，经过驯化也能生活在淡水中。脊尾白虾对环境的适应性强，水温在 2℃～35℃范围内均能成活，在冬天低温时，有钻洞冬眠的习性。

长臂虾类也有不少重要种类。渤海沿岸所产的虾米，大部分是由栖于我国北方沿海的脊尾白虾加工而成。地中海、黑海及英国、法国、德国等国产的欧洲长臂虾产量很大，除鲜食以外，还加工成罐头。

貌似威武的龙虾

龙虾是现代虾类中个体最大的类型，一只龙虾至少重 0.5 千克以上，长 20～40 厘米，大的有 4～5 千克。据报道，台湾渔民捕到几只大龙虾，触须加体长达 120 多厘米，重 5 千克多。就世界来讲，这还不是最大的，分布于地中海、欧洲及非洲沿岸的普通真龙虾，体长 45 厘米，重 8 千克；非洲的哑龙虾更大，长 51 厘米，重 10 千克，简直就像一只小猪。我国约有 8 种龙虾，分布最广的要算锦绣龙虾，数量最多的要算中国龙虾。中国龙虾与日本产的日本龙虾和澳大利亚产的澳洲龙虾都是著名的珍贵食用虾类。

龙虾的个子很大，但龙虾的有些同宗兄弟却长得很小。如体形如扇的扇虾，体长只有 10～20 厘米；拟扇虾活像一只草鞋，长也只有 20 厘米左右；扁虾身体扁平，长只有 10 厘米；蝉虾则更小，和树上的知了差不多。它们都属爬行虾类。

龙虾也需要蜕皮才能不断增大。它蜕皮时是尾和躯干部首先胀开一条横向裂缝，身体侧卧弯曲，慢慢从裂缝中蜕出来。大螯里的血液倒流，使它的体积缩小到正常体积的九分之一大，能很从容地从壳中蜕出来。蜕皮后几个小时内身体就比原来增大 15%，体重增加 50%。它蜕掉的旧壳可以完好无损。

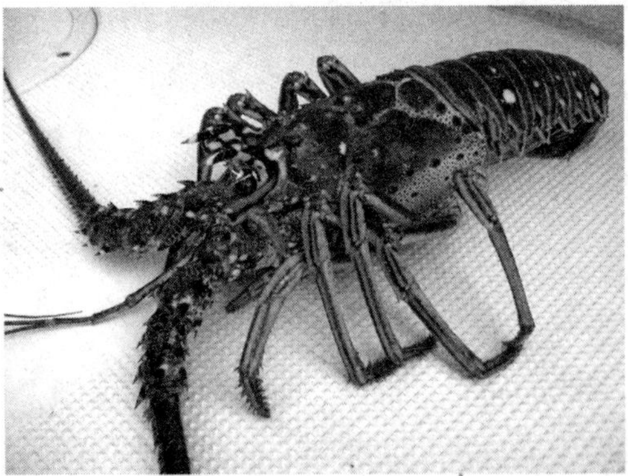

龙　虾

龙虾盔甲坚硬，浑身长刺，个头又大，显得威武雄壮。它生性好斗，常攻击其他鱼类。但又似有勇无谋，在与乌贼的搏斗中往往一味地猛攻，横冲直撞，动作迟缓而笨拙。乌贼往往巧妙地左躲右闪，避其锋芒，待龙虾累得精疲力竭，乌贼就寻机将其擒获，美餐一顿。有的鱼喜捕食龙虾，遇到龙虾时先一口咬下一段触须，再把附肢一截一截咬掉，龙虾似束手无策，既不逃避，也不反抗，直到全身被肢解，吞食殆尽。

从龙虾那背腹扁平的身体、短小的肚子、缺乏游泳能力、喜欢穴居等特点看有点像蟹，但两条长长的触须显然表明它又是虾。龙虾白天多隐于十几米至几十米深的海底礁石缝隙或乱石堆中，夜间出来觅食，以其他小型动物为食。它的两只巨大螯足似有些分工，一只较粗大，用来打开猎物主要是软体动物的硬壳，另一只较细小，但边缘上长着尖锐的锯齿，能像锯一样用来切割猎物。龙虾喜栖于温暖海域，所以东海、南海都有。平时它们喜欢独居，到秋天常有数以万计的大规模迁移行为。据观察，先是由两三只龙虾启动，首尾相接，用强有力的触角和第一步足拉着前者的尾巴排成一列纵队前行，沿途遇到的龙虾都尾随其后，先后加入行列之中，队伍越来越大，浩浩荡荡沿着崎岖的海底向前挺进。有时两队相遇，便合为一列，使一个队的成员多达60～70个，以每分钟约21米的速度前进。据研究，它们之所以列队前行，一是可以减少阻力，列队比个体受到的阻力少65%；二是增加运动速度，单个龙虾一昼夜一般游100～300米，列成纵队后每小时可行进1千米。龙虾的寿命不短，能活10多岁。

龙虾在世界各国都视为珍品。西方国家宴会上若有龙虾就提高了它的级别规格。龙虾不仅味美，而且营养丰富，可食部分占体重的60%，蛋白质含量占可食部分的19.37%，而且可入药，治神经衰弱、手足抽搐等病症。

到处横行的蟹

蟹的种类很多，全世界有4500多种，我国有600多种，绝大多数生活于海洋中。有体形宽大的梭子蟹，有壳面凹痕状如人脸的关公蟹，有一只螯大

蟹

一只螯小的招潮蟹，有借宿空贝壳的寄居蟹，有体披海绵的绵蟹，有形如琵琶的琵琶蟹，有活跃于海滩上的小沙蟹，有背甲隆如馒头的馒头蟹，有背壳满布颗粒的粟壳蟹，有全身红色的红蟹，有体色青绿的青蟹，有可以致人死命的“杀人蟹”，还有不叫蟹名的鲟等，不一而足。

基本小知识

寄居蟹

寄居蟹又称为“白住房”、“干住屋”。它的鼎鼎大名是由于它常常吃掉贝壳等软体动物，把人家的壳占为己有。寄居蟹，主要产在黄海及南方海域的海岸边缘，一般生活在沙滩和海边的岩石缝隙里。寄居蟹以螺壳为寄体，平时负壳爬行，受到惊吓会立即将身体缩入螺壳内。随着蟹体的逐渐长大，寄居蟹会寻找新的壳体换壳，已知的寄居蟹品种有几十种，在中国沿海较常见的品种有方腕寄居蟹和栉螯寄居蟹。方腕寄居蟹比栉螯寄居蟹体形稍大，寄居的螺体最大直径可达 15 厘米。

蟹有发达的头胸甲，多是横向宽而背腹扁平。不同种头胸甲的宽度不同，有的个体宽 25 厘米，长 22 厘米，第三对步足展开的宽度可达 1.5 米。蟹的内脏和肉都被隐藏在甲壳内，因此古人称其外骨而内肉。

蟹类善于游泳，又喜翻开泥沙将身体潜伏进去。它的体色常随周围环境的不同而改变。蟹类的体色多变，主要是由于甲壳里有各种色素细胞的缘故，特别是有些蟹的甲壳很薄，甚至透明，颜色就更清楚。每个色素细胞都有许多分枝突起，并有黑、白、蓝、黄、红或褐色等几种色素颗粒，若色素颗粒向色素细胞中心集中，体色就变淡，扩散开来时颜色就变深。色素颗粒的这种集中或扩散是受特别激素控制。这种激素是由动物眼柄内或脑内的特殊细胞分泌的，每种颜色都由一种特殊激素控制。由于激素是通过血液传送的，所以它的体色变化相对就慢。有不同色素颗粒的动物，很容易在几个小时以内使自己的体色和周围环境相协调，但多数节肢动物包括蟹，体色的变化较简单，如有的蟹白天色素粒分散，使体色变深，和它栖息的泥沙环境相一致，午夜又变淡。壳中的青色素一经高温处理就被破坏分解了，但红色素和黄色素颗粒却比较稳定，不易被破坏，所以蒸煮熟的螃蟹就成鲜红色或橘红色的了。

金　蟹

趣味点击　色　素

黄色素细胞，在色素细胞中其产生黄色色素的。根据彩色与红色素细胞相区别，但其中也有橙色的。脊椎动物的色素颗粒主要为含有褐色喋呤（sepiapterin）的喋呤体，或者还加有类胡萝卜素小胞。在鱼类的黄色素胞、红色素胞大都是运动性的，而且是处于黑色素胞刺激素、色素胞神经的支配下存在的。在两栖类、爬行类一般是不具运动性的，但它是构成真皮色素胞为单位的体表，在体色变化上起重要作用。

不论什么种类的蟹，头胸部都有5对步足。由于步足的基部与头胸部相连，不能转向，步足的关节只能向下弯曲，向左右动，所以蟹不能向前爬，只能横行，先用一侧的步足抓地，另一侧步足在地面上伸直往一侧推，两侧的步足共8只，走起路来是横着走，是名副其实的横行霸（八）道。步足前方一般都有一对大螯足，活像一对大钳，也像铲车前方的一对大抓，真有点气势汹汹不可一世的样子。大螯足是它捕食的工具，也是角斗、自卫的武器。当小鱼或其他动物游过它的身旁时，它就用强大的螯足突然将其捉住，捕而食之。许多动物的尸体也是蟹爱吃的美餐。有时为了争食一条死鱼、一只死虾，常互相攻击，甚至同类相残，将附肢残缺的弱者吃掉。在食物匮乏时，饿极了的雌蟹甚至用蟹钳从自己的腹部取卵充饥。它们能清理动物尸体，像清洁工一样保持海洋生态环境的清洁。有时它们也吃一些海藻的嫩芽。

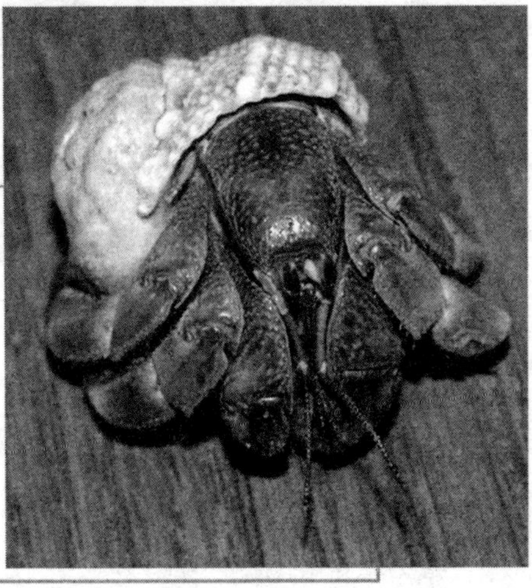

寄蚕蟹

海蟹生性残忍好斗，当受到威胁时，立即张开螯足钳住对手，像决斗的武士一样，你来我往。处于困境中的蟹，也往往采取以攻为守的策略。当处境危险甚至一只步足被擒时，它往往舍车保帅，自动断肢而逃遁，以后再长出新步足。海蟹也常把海葵、海绵、海藻等移植在自己的身上当作伪装和保护。这一招也的确有效，如凶猛的乌贼在洞中窥视，发现海蟹会立即扑上去将其擒获，但背上附有海葵的海蟹，乌贼一捕，就会尝到海葵毒刺的厉害，会立即将口边的美餐无可奈何地放弃。寄居蟹把自己柔软的、不能防御的腹部，隐于海螺空壳内，背负螺壳到处活动，表面上看像是快速爬行的海螺，眼向周围张望，发现食物就探身捕捉，遇有险情就立即退回到螺壳的深处。随着身体的长大，旧螺壳就显得太小，难以容身，所以它必须经常更换较大的新螺壳。它更换新螺壳时非常谨慎，常是先用螯足伸进螺壳里探察，若确是空螺壳且无污物，再钻进身子去试探，觉得合适才满意地钻进去。它丢弃的空壳螺也会被新的“换房户”更换而去。若两只蟹同抢一只螺壳，免不了一场搏斗，当然是螺壳归于强者。

自古以来，蟹的雅号颇多。宋代傅肱的《蟹谱》称：“蟹，以其横行，则曰螃蟹；以其行声，则曰郭索；以其外骨，则曰介士；以其内空，则曰无肠。”

在我国以三疣梭子蟹和青蟹等产量为最高。就世界来看产量较多的有勘察加蟹，每只重可达8千克。日本沿岸的长螯蟹，是世界上最大的蟹，头胸甲长34厘米，宽31厘米，螯足长1.5米。澳大利亚的二王蟹，地中海的大蜘蛛蟹，北美洲的斑纹黄道蟹，都是重要的食用蟹。锯缘青蟹重可达1.5千克，头胸甲宽20厘米，以日本、印度和我国产量为最大。美国人喜食美味优游蟹，欧洲人偏好居氏拟人面蟹。世界上有30多个蟹制品出口国，主要以蟹肉罐头形式出售。

拓展思考

梭子蟹

梭子蟹，学名“蝤蛑”，有些地方俗称“白蟹”。因头胸甲呈梭子形，故名。甲壳的中央有三个突起，所以又称“三疣梭子蟹”。雄性脐尖而光滑，螯长大，壳面带青色；雌性脐圆有绒毛，壳面呈赭色，或有斑点。梭子蟹肉肥味美，有较高的营养价值和经济价值，且适宜于海水暂养增肥。头胸甲梭形，宽几乎为长的2倍；头胸甲表面覆盖有细小的颗粒，具2条颗粒横向隆堤及3个疣状突起；额具2只锐齿；前侧缘具9只锐齿，末齿长刺状，向外突出。

知识小链接

青　蟹

青蟹甲壳呈椭圆形，体扁平、无毛，头胸部发达，双螯强有力，后足，形如棹，故有据棹子之称。头胸甲宽约为长的1.5倍，背面隆起，光滑；头胸甲表面有明显的“H”形凹痕；前额具4个突出的三角形齿，齿的大小及间距大致相等。前侧缘具9个大小相若突出的三角形齿。

蟹的生活史

蟹平时多喜独居，但到了生殖季节，雌雄总要相会，雄蟹争雌，也会凶猛格斗。雄蟹的腹部比较狭，腹面有两对退化的附肢，犹如箭突，这就是它的交配器官，前一对附肢较大，各有一条沟，后一对附肢较小，嵌合在前一附肢的沟里。精子由生殖孔排出，流入前一附肢的沟里，后一附肢再将它沿沟送入雌蟹生殖孔。雌蟹腹部较宽，有生殖孔，有几对游泳足用于孵卵。交配前，雌蟹往往在尿里释放某些化学信息以招引雄蟹。雄蟹“闻讯”后会立即赶来。雄蟹要先蜕掉旧壳，更换新装。它先是从旧壳里吸收大量钙，然后吸水膨胀，将旧壳胀破。它的新外壳起初很柔软，允许它自由地钻出旧壳。一旦身体挣脱了旧壳的束缚，雄蟹便立即伸腿挺胸舒展几下，身体一下子增大了很多（有人估计增长幅度达30%），以后新壳又渐渐变硬。蜕皮后的雄蟹找到就要蜕皮的成熟雌蟹，立即抱住不放，并引导雌蟹到隐蔽之处耐心守护等待雌蟹蜕皮，一旦雌蟹蜕皮完毕，在新壳尚未变硬之前，雄蟹以强有力的大螯钳住雌蟹的第三至第四对步足，与其腹部相对。雌蟹打开腹部，露出生殖孔，雄蟹趁势把一对交接器末端紧贴雌蟹生殖孔上，将精夹输入雌蟹生殖孔。交配完成后，雄蟹还对雌蟹做保护性拥抱，直到雌蟹壳变硬为止。卵子受精后产出，雌蟹将其收集并黏合在一起形成卵块，置于游泳足处孵化。几周以后，小蟹破壳而出，称蚤状幼体，以浮游动物为食，营游泳生活。经几次蜕皮变态后，成为幼蟹，逐渐沉至海底生活。

寄居蟹

不吃螃蟹辜负腹

蟹的肉质细嫩，味道鲜美，是著名的海味，自古就是我国宴席上的佳肴之一。当雌蟹的生殖腺发育成熟时，体肉肥厚，生殖腺味极美，称作蟹黄，赢得许多人的赞赏，甚至有“不到庐山辜负目，不吃螃蟹辜负腹”之说。尤其秋风送爽，是品尝蟹的大好时节。吃蟹讲究四味：大腿肉，丝短纤细，味同干贝；小

豆　蟹

蟹的肉质细嫩，味道鲜美

腿肉，丝长细嫩，美如银鱼；蟹身肉，洁白晶莹，胜似白鱼；蟹黄，妙不可言，无与伦比。蟹不仅肉好吃，壳的用处也很多，从中提取的甲壳质，具有耐酸、耐碱、耐热和防潮、防缩等特点，可代替高级浆料作印染织物的固着剂，又可以代替生胶制作防水夹胶雨衣、工作服、特种电线保护膜等。人们还从蟹壳中提取出壳聚糖，即可溶性甲壳素，它是一种类纤维，可广泛应用于农业、食品、医药材料、造纸、日用化工等领域。

蔓足动物——藤壶

藤壶，虽也属甲壳动物，但成体却既不游泳，也不爬行，而是营固着生活。它们成群地附着在岸边潮间带或潮下带的礁石上，密密麻麻，往往使那里成为白花花的一片。藤壶的身体被包在钙质壳里，壳的形状就像座小火山，直径有 5～50 毫米，分上下两部分，下部是六块不活动的板围成的壁，被固定在基板上，上部是 1～2 块能活动的板。板张开时它的胸肢就可从壳里伸出来捕捉食物；遇有危险或退潮后，就可以把自己封闭在壳里。这些板间的相互关系是生物学上重要的分类根据之一。当然还有有柄藤壶，它有一个肉质的能伸缩的柄，可以在一定范围内活动。藤壶的种类很多，在分类上属于蔓足类，全世界有 1040 多种，全为海产。

你知道吗

潮　间

潮间带即是指大潮期的最高潮位和大潮期的最低潮位间的海岸，也就是海水涨至最高时所淹没的地方开始至潮水退到最低时露出水面的范围。潮间带以上，海浪的水滴可以达到的海岸，称为潮上带。潮间带以下，向海延伸至约 30 米深的地带，称为亚潮带。在台湾，人们利用潮间带特有的生态环境，因而呈现盐田、渔塭、蚵架、竹筏等样貌，形成台湾西部海岸常见的人文景观。在汉宝地区，潮间带则有许多蚵架与抓鳗苗的竹架与渔网。

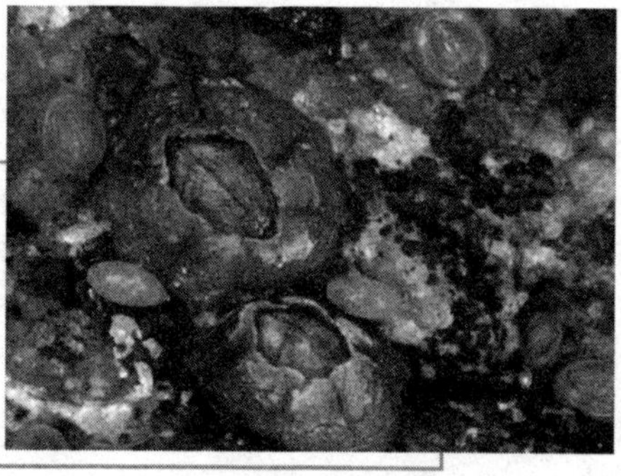
藤　壶

附着在潮间带的藤壶，必须适应每天潮涨潮落的不同生活条件，涨潮时浸在水里，它可以正常生活；而退潮以后，它就被暴露在空气里。空气比海水的温度变化大，冬有严寒，夏有酷暑，日有曝晒，夜有风雨。藤壶把自己封闭起来，渡过困难时期，迎接潮水的到来。有些藤壶能忍受较长时间暴露于水外的不利条件，如美洲产的一种藤壶在水外6周还无致命影响，此时它把壳紧闭，只留一极小的孔，既能使空气进去，又防止水分严重散失。还有一种小藤壶，放在桌上达3年之久仍未死，其间只是每个月短暂地放在水里1或2天，说明它的生活力极强。

营附着生活的藤壶是如何繁殖下一代呢？它们是雌雄同体，但异体受精，任何一个成熟个体既可为父，又可做母。它们并不把配子排放在水里，而是体内受精。充当雄性的个体有一个很长的可以弯曲的管状交配器，基部和雄性生殖腺相连，交配时伸出交配器向周围搜索探察目标，遇上相邻的个体就把交配器伸到壳内，把精子输送给对方。因为藤壶是群栖动物，附近总会找到结合的对象。受精卵在成体藤壶外套腔里发育成无节幼体才放出去。一只成体藤壶可以产出13000个幼体。

藤壶成体既不游泳，也不爬行

无节幼虫有长长的触须，并不摄食，体内有油球，可增加浮力，使它能接近水面活动。随着油球的消耗渐沉至海底，经过几次蜕皮后，就需要寻找合适的地方定居下来，所以此时它到处活动。固着场地的选择对一个藤壶的生存来说是至关重要的，因为若固定在没有食物的地方，它就会饿死；若是附近没有其他伙伴，它就无法交配繁殖，就会断子绝孙。但在长期演变过程中，藤壶获得了复杂的机制，确保它选择上的成功。

幼虫靠触须上的触觉、化学感受器即嗅觉、味觉来了解周围环境。成体藤壶身上或基板脱去后会在原来附着的旧址上留下一种蛋白质，当爬行中的藤壶幼虫用触须接触到这种蛋白质时，就会停下来在附近打转，一旦遇到一个成体，能判断出是同类栖息的地方，于是藤壶幼虫就会在附近徘徊，以找到一块空地。它可以花上一个小时或更长时间对这个岩石表面进行研究，看看这个位置空间是否足够大，是否能满足它将来生长和生活的需要。一般说它喜欢粗糙或有凹痕的岩石表面，尤喜欢老藤壶附着过的地方。这种选择行为确保了藤壶幼虫将来摄食和繁殖的需要。当找到满意的地方时，藤壶幼虫就会在那里安家落户。它先用触须上特殊的黏液腺将自己固定在那里，然后蜕一次皮，并转动身体使背朝下附肢朝上，这样将来附肢可以伸出壳外捕捉食物。它的背甲形成外壳靠黏液固定在基板上，基板同样靠黏液固定在岩石上。这种黏液在蛋白质上属方解石，与骨胶质相似，据分析，它由24种氨基酸和氨基糖组成，据说比环氧化合物黏合力还要强，使藤壶即使在水流很急的地方也不会被冲掉。

知识小链接

氨基糖

糖的羟基为氨基所取代的化合物的总称。作为生物体成分最常见的是葡糖胺和半乳糖胺，它是已糖的2位羟基为氨基所取代的化合物、神经氨酸，它是5位具有氨基的九碳糖，但从1位到3位具有丙酮酸的结构，如除去此部分则与2位具氨基的甘露糖胺的结构一致。与此不同，也有相当多的天然的2位以外的氨基糖，其大多数是作为微生物产生的核多糖、糖苷或抗生素的成分而存在的。

如果没有找到合适的地方，藤壶幼虫会游到其他地方去寻找，常延搁几天才固定下来。藤壶幼虫的能量来自类脂物储备，这些能量有三分之二用来维持活动和变态，其余部分可维持它活2.5—4周的时间。如果在这段时间还没有找到适宜的场所，将可能没有足够的能量活到变态并进一步长到成体阶段。

藤壶对人类来说是弊大于利。它们附着在舰船的底部，会大大降低航速，燃料消耗要增加26%以上，甚至达40%。全世界每年消除藤壶要花费上百亿美元。一般一艘1850吨的船在海中6个月，速度就会降低2海里。1905年日本海军在对马海战中之所以使号称世界王牌的沙俄波罗的海舰队全军覆没，其中一个重要原因是沙俄舰队在一年多的航行中，船底附着了藤壶等附着生物，使其航速降低之故。藤壶附着在水下管道系统内，容易造成堵塞，产生事故。藤壶能破坏金属构筑物的油漆保护层，还和贻贝、牡蛎等养殖贝类争夺附着基质和饵料，是养殖业的大害。

藤壶对人类来说是弊大于利

知识小链接

基 质

基质，尚无统一的解释，曾称为“一种分析物（analyte）的环境（milieu）”，即指标本中除分析物以外的一切组成。以血清胆固醇（Chol）测定而言，就是指Chol以外血清中的一切成分及其物理、化学性质。基质是由生物大分子构成的无定形胶状物，无色透明，具有一定黏性，孔隙中有组织液。细胞外基质的物理性质主要受细胞外基质中蛋白聚糖所携带的多糖基团的影响，蛋白聚糖是由糖胺聚糖（glycosaminoglycans，GAG）以共价的形式同线性多肽连接而成的多糖和蛋白复合物。

要说藤壶一点用处都没有也不公道。科学家发现藤壶的背盾收肌和减压肌是大细胞构成的，可用电子显微镜看到单个肌肉细胞的活动，因此可以用它的单个肌肉细胞作某些神经肌肉生理的研究。藤壶黏液的黏性甚强，甚至藤壶的化石经过几千年的沧桑仍牢固地附着在其他物体上。人们人工合成这种黏液，可以用来补牙，用来黏接建筑材料，简直像超级水泥；还可用来修船和黏接漏洞，在医疗上黏合伤口，手术开刀后不需缝合，只要涂上这种黏液就能使刀口牢牢地黏合在一起。

身价倍增的虾蛄

虾蛄属于甲壳动物中的口足类，有着扁平的身躯，短短的头胸甲，带柄的眼和高举的螯足，样子颇像个螳螂，所以俗称螳臂虾。清代施鸿保《闽杂记》中称："虾蛄，虾目蟹足，状如蜈蚣，背青腹白，足在腹下……喜食虾，故又名虾鬼，或曰虾魁。"虾蛄共有300多种，大小从5厘米到30厘米，重50～150克不等。我国海域种类不多，北部海域常见的有两种。虾蛄的步足较小，前5对颚足发达，尤其第二对颚足特别强大，成螯足状，称掠肢，所以取名口足类。虾蛄平时栖于水深30米以内的浅水中，在软泥底挖洞而居，或躲身在泥沟或珊瑚礁缝隙之中。由于虾蛄喜在海底爬行，又俗称爬虾。多数种以多毛类、小型双壳类或虾等软体无脊椎动物为食，有一些也捕捉鱼类。虾蛄的游泳能力虽很强，但捕食时往往采用守株待兔的策略，待在洞口，待猎物靠近了才快速游出，用螯钳住猎物。螯的最后一节或有尖棘或有刀状边缘，此部折入后一节的凹沟内，可将猎物处死。渔民从网里收捡虾蛄时很容易受它伤害。虾蛄

虾 蛄

虾蛄的生命力很强

白天常在洞中隐居，夜间到海滩上寻找动物尸体吃。虾蛄的生命力很强，离水后能活两个多小时。

每年 4 月以后，虾蛄的生殖腺成熟，味道极鲜美，所以现在也成为许多高级宴席上的佳肴。虾蛄的营养价值很高，含蛋白质 20% 以上，含脂肪 0.7%，有壮阳补肾、活血生津的功效。

为数甚多的小型甲壳类

桡足类是身体最小（2.5 ~ 10 毫米）、数量最多的甲壳动物。它们有一对长长的触角，在体前部向两侧伸出和身体构成直角，这是桡足类的最主要的特征。当触角像船桨一样向后摆动时，既推动动物体前进，又产生一个水流，绕其过滤取食的口部流动。桡足类的另一个主要特征是有一个单一的对光很敏感的眼点。它们分节的身体只能在身体前后部的结合处弯曲，身体末端有两个尾肢。

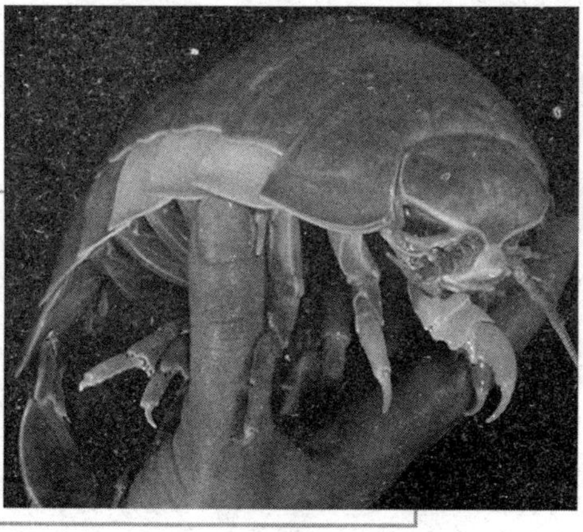

甲壳动物

到了生殖季节，雄性用长长的触角拥抱雌性，并把精子输送到雌性生殖孔里。多数桡足类是在一个特殊囊内将受精卵孵化成幼体后释放出去，也有许多种类是把受精卵释放到水里，在水里发育成无节幼虫。此时的幼虫一点也不像成体，发展到第五阶段时样子与成体有些相似了，只是身体较小，附肢少，以后逐渐发育为成体。从卵子到长成成体，少则一周，多则一年才能完成，因种而异。

趣味点击　　沙　蚤

亦称沙跳虾（sand hopper）、滩蚤（beach flea）或滩跳虾（beach hopper）。

端足目（Amphipoda）跳虾科（Talitridae）的数种陆生甲壳动物，善跳跃。以有机碎屑为食。欧洲沙蚤（Talitrus saltator，即欧洲跳虾）长1.5厘米，生活在高潮线附近的海滩上，白天钻入沙内，夜出寻食。长角沙蚤（T. longicornis）分布从新英格兰至墨西哥湾的北美洲大西洋沿岸，触角与体等长，体长2.5厘米，白蜡色，习性似欧洲沙蚤。

等足类种类很多，体形多样，在大小上相差很大，小的仅1毫米，大的可达275毫米，多为海产，从沿岸到深海都有分布，多为底栖，少数营浮游生活。图示的一种，长约50毫米，和陆地上的土鳖是近亲。从背面看，头部有很大的复眼和两个触角，身体分成一系列的体节，前7节叫胸部，结合腹面观看出每一节都有一对附肢叫胸足，其大小形状彼此相似，所以得名等足类。身体后部叫腹部，其附肢用于游泳和呼吸，最后1节叫尾节。口在身体最前端，在潮间带搜寻各种腐烂的动物尸体等食物吃。

等足类对人类的害处大于益处，许多种是鱼虾身上的寄生虫，影响鱼虾生长和繁殖，还有些种能蛀蚀木材，损害港口建筑，危害很大。

端足类和等足类有些相似，但前两对附肢成钩状称颚肢，用于捕食和交配，其后的5对附肢是步足，其中前两对朝后，后3对朝前。腹部有3对附肢有羽状刚毛，用于游泳，最后是尾节。端足类的附肢用来跳跃，它先把整个尾节蜷到身体之下，然后突然伸直将身体弹到空中去。由于端足类优异的弹跳能力，因此得名海滨跳蚤或沙蚤。

川流不息的鱼类

HAIYANG DONGWU DALIEQI

海洋中有着许许多多的鱼类，千姿百态种类繁多，它们集体群游，体色有的还非常艳丽。它们游快游慢是有什么原因么？摄食习性有什么不同吗？它们水下可以发声吗？我们来了解一下吧。

海洋所至均有鱼

尽管大海茫茫，但到处都会发现鱼的踪影，从岸边礁石中的斗水小坑里，到一望无际的大洋之中，到处都有鱼类生活。

神仙鱼

鱼的种类很多。全世界现存脊椎动物有43000多种，其中鱼类为21723种，占脊椎动物全部现存种的一半以上。不同学者对世界鱼类种数的估计有所不同，多数在17000～30000种的范围内，其中淡水鱼约8411种，占全部现存鱼类总数的39%，海产鱼类约13160种，还有些鱼定期在海水与淡水之间洄游。海产鱼类中约10200种分布于近岸海域，只有2700种分布于深200米以下的水层中（包括中层、深层和深渊带）。约110种鱼沿热带和亚热带海域呈环球性分布。无论是海水鱼或淡水鱼，都是热带水域种数最高，向极区渐少。在如此繁多的海洋鱼类中，真正成为捕捞对象的约有200种，其中年产不足5万吨的有143种，年产5万～50万吨的约4种，年产50万～100万吨的10种，年产超过100万吨的只有6种。

我国海域辽阔，黄海、渤海、东海和南海，跨越热带、亚热带和温带，海岸线绵延曲折，6500多个岛屿星罗棋布，15条大河汇入大海，使这里水质肥沃，适于鱼类繁衍生息，所以鱼的种类甚多。据已有的记录，我国有2831种鱼，其中海洋鱼类2150种，占我国鱼类总数的四分之三。海洋鱼类中，渤海与黄海北部有210，黄海南部与东海近海有417种，东海外海有238种，南海沿岸有815种，南海外海有690种。

千姿百态种类多

在沿岸浅海，由于有江河汇入，带来大量营养盐类，使水质肥沃，浮游生物极为丰富，所以鱼的种类和数量都最多。这里有成群结队的鲱鱼、青鳞鱼、鳓鱼和著名的凤尾鱼，有水面游弋的鲐鱼、鲅鱼、飞鱼，有栖于近岸浅水的鰕虎鱼、鳚鱼，在我国盛产的大黄鱼、小黄鱼、带鱼，有喜温的蝴蝶鱼和隆头鱼，有耐寒的鳕鱼和高眼鲽，有栖身礁石中的鲉、鲃和篮子鱼等。

隆头鱼

知识小链接

鳕 鱼

鳕鱼（学名：Gadus），又名鳘鱼，是主要食用鱼类之一。鳕鱼原产于从北欧至加拿大及美国东部的北大西洋寒冷水域。目前鳕鱼主要出产国是加拿大、冰岛、挪威及俄罗斯，日本产地主要在北海道。鳕鱼是全世界年捕捞量最大的鱼类之一，具有重要的经济价值。

活跃于大洋中的金枪鱼、旗鱼、箭鱼等活动能力强，分布广泛，且十分凶猛。它们追逐猎物，到处游弋。另一些鱼喜匍匐在海底生活，有埋身泥沙中的鲆、鲽类，有喜隐身礁石中的鲂鮄、鲬、毒鲉，有躲在岩洞或石缝中的笛鲷、海鳝和石斑鱼等。它们活动能力弱，移动范围不大，伏于海底，伺机捕食各种底栖生物。

各种鱼的大小不同，大者如鲸鲨，体长可达 25 米，重 8 万多千克，小者如印度洋的刺鰕虎鱼，成体也仅长 8～10 毫米。多数鱼体呈纺锤形。由于环境多样，也使鱼的形态多种多样，如鳗鱼细长如蛇，鲆鲽类扁平如板，刺鲀体圆如球，箭鱼嘴长似箭，燕鳐鳍大似鸟，海马头形如马，须鲀形如海草，旗鱼背鳍高如船帆，蝴蝶鱼美如彩蝶，箱鲀鱼体如装甲车，鲔鱼颇像炮弹，躄鱼怪模怪样，状如枯枝败叶，鮟鱇鱼更像扁平的大嘴蝌蚪，侧面观鳝鱼形如柱，银鲳成菱形，鲷鱼似长方形，眼镜鱼像个三角形，真称得上是千姿百态。明代屠本畯所著《闽中海错疏》中称："夫水族之多莫若鱼，而名之异亦莫若鱼，物之大莫若鱼，而味之美莫若鱼，多而不可算术穷推。"

广角镜

石斑鱼

石斑鱼，属鲈形目，体长椭圆形稍侧扁。口大，具辅上颌骨，牙细尖，有的扩大成犬牙。体被小栉鳞，有时常埋于皮下。背鳍和臀鳍棘发达。尾鳍圆形或凹形。体色变异甚多，常呈褐色或红色，并具条纹和斑点，为暖水性的大中型海产鱼类。石斑鱼营养丰富，肉质细嫩洁白，类似鸡肉，素有"海鸡肉"之称。石斑鱼又是一种低脂肪、高蛋白的上等食用鱼，被港澳地区推为我国四大名鱼之一，是高档宴必备之佳肴。

多数鱼体被鳞，明代李时珍在《本草纲目》一书中称："鳞者粼也。鱼产于水，故鳞似粼；鸟产于林，故羽似叶；兽产于山，故毛似草。鱼行上水，鸟飞上风，恐乱鳞羽也。"意思是说，水栖的鱼类，鳞片就像照在水中的粼粼波光；鸟生活在树林中，羽毛像树叶；兽生活在山上，毛长得像草。鱼喜逆流上，鸟爱迎风飞，因怕顺流顺

大眼睛鱼

风容易搞乱了它们的鳞片或羽毛。

体色艳丽巧装扮

鱼类的体色可称得上是多彩多姿，而且几乎是变化无穷的。当我们走进水族馆，就会发现那里饲养的不少鱼颜色鲜艳，斑纹奇特，千姿百态。如金灿灿的黄鱼，银闪闪的带鱼，红艳艳的笛鲷，绿莹莹的飞鱼，蓝湛湛的鲅鱼，黑乎乎的黑鲳，花斑斑的髭鲷等，争妍斗奇。俗称加吉鱼的真鲷的赤红色身体上，布满闪烁着珍珠般光辉的蓝色斑点；还有一种鱼红装绿鳍，可与京剧《西厢记》中绿扇艳装的红娘相媲美，因此取名红娘鱼。热带鱼类，尤其是珊瑚礁鱼类体色更为美丽动人，因为各种珊瑚礁千姿百态，绚丽异常，加之繁茂丛生的海藻和各种奇异的贝类、海星及众多的其他动物，构成了光怪陆离、五彩缤纷的珊瑚礁海底世界。这种环境不仅促使珊瑚礁鱼的外形奇特，而且色彩鲜艳，如蝴蝶鱼、棘鞭鱼、镰鱼、神女鱼等，当它们在碧蓝清澈的礁盘上遨游嬉戏时，犹如一群群在永不凋谢的海石花丛中翩翩起舞的彩蝶，分外妖娆。

蝴蝶鱼

尽管鱼类的体色和花纹使人看起来眼花缭乱，目不暇接，但也并非漫无边际，无章可循。鱼不论有何种颜色和花纹都不是为了故弄玄虚，哗众取宠，而是对鱼的生存有极大的生物学意义。最常见的体色有两种类型，一是模仿其周围生活环境的颜色即拟色，二是身体上半部颜色深下半部颜色浅的消阴型。这无论对捕食者和被捕食者来说都有重大的生存价值，其作用都是隐蔽自己，迷惑敌人，捕到食物。

生活于海洋上层及光线好的水域中的鱼类，如青鳞鱼、金枪鱼和飞鱼等都是消阴型体色，即身体上半部是淡绿色或淡蓝色，下半部是白色、银色或淡色。近岸海水偏绿色，所以近海鱼上部多是绿色；外海水偏蓝，所以外海鱼上部多为蓝色。当从上往下看时，海水的颜色是蓝色的，鱼体蓝色和海水颜色基本一致；当从下往上看时，因为光线从上方来，水色发白，所以鱼腹面的淡色又和海水一致起来；从侧面看鱼体显得很平，表面闪光，像一面镜子。因此，无论敌人从背面或从腹面或从侧面看都不会发现。当然也有例外，如一种叫歧须鮠，总喜欢仰泳，所以腹面色深。还有一种短鲫鱼喜以背部吸盘吸在鲨鱼身上，体色也是背腹深浅颠倒的。

镰 鱼

底栖鱼生活于底层，多数体色均匀，或体色斑驳，有不规则小碎斑点，或无色，或多少模仿底质背景如沙石、海藻等的颜色。许多鱼如比目鱼能模仿环境的颜色，迅速改变本身的体色和花纹。生活在绿藻丛中的鱼体色多发绿，马尾藻丛中的鱼呈橄榄绿，红珊瑚礁石中的鱼又多是红色。深海因没有任何光线，那里的多数鱼除发光器外都呈均匀的黑色。

鱼体上对比明显的彩色带、彩线或彩斑，虽使其在环境中非常显眼，但同样起隐蔽保护作用。虽然是显眼的轮廓，例如一条深色带，但从眼上通过，就使眼不明显。相反若在鱼体尾部或其他部位有个深色眼状斑，看起来像个眼，这样使捕食者看来根本不像鱼，倒是像别的什么东西，容易受骗上当。有的鱼如单角纯，生活在海藻从中，不仅体色像海藻，而且体形也像，甚至身上还长出一些像海藻一样的突起，就更像海藻，不易被辨认。

争夺领地的鱼类和在交配上有激烈竞争的鱼类，一般都有鲜艳的体色，这既有利于在竞争中战胜对手，又有助于识别异性。在繁殖季节雄鱼的体色多变换得更鲜艳，被称作婚姻装。交配上有选择行为的鱼和有复杂求爱行为的鱼，两性体色差别较大，其他多数鱼看起来雄雌体色相似。名为清洁鱼的鱼，即帮助清除其他鱼身上寄生虫的鱼，如裂唇鱼，体色多鲜艳，它有引起注意以招揽“顾客”的“广告效应”。某些色素有保护鱼的一些致命器官免受强光照射的作用，如有些鱼头部黑色是为了保护脑，另有些鱼腹腔膜黑色是为了保护内脏和某些消化酶。通过人工选择可以培养出大量的体色更为娇艳而多彩的“热带鱼”和金鱼新品种。一些有毒鱼类如毒鲉颜色特别鲜艳漂亮，像披上精美多彩的蓑衣，称作警戒色，警告其他动物不要对它轻举妄动，使触动过这种鱼而吃过苦头的动物，一看见这种颜色就迅速避开，免得双方都受害。体色还帮助识别同类，保持群体结构。

鱼类的五颜六色和多彩的斑纹，来源于其皮肤中的两种色素细胞。一种是虹彩细胞，它含有鸟嘌呤，能反射环境中的光和色，使鱼体显珍珠白、银色、彩蓝色和绿色。另一种是色素细胞，含有红、橘黄、黄和黑色素颗粒，细胞体分枝很多，黄色素集中在细胞中央，体色就淡或不显什么颜色，若分散开来，颜色就深。鱼还可以将不同色素按不同比例混合产生不同的颜色，如黑和黄结合产生绿色。

鱼类在环境改变、受到刺激、兴奋或愤怒时都会改变体

拓展思考

色素细胞

色素细胞，有时称为色素体，是两栖动物、鱼类、爬行动物、甲壳动物、头足纲动物中的一种含有生物色素的细胞。对冷血动物来说，色素细胞是由胚胎中的神经脊发展而来，对于产生皮肤色彩和眼睛色彩扮演重要角色。色素细胞依据白光下所呈现的颜色，可以分为黄色素细胞、红色素细胞、彩虹色素细胞、白色素细胞、黑色素细胞与蓝色素细胞。色素细胞也指光合细菌中的有色细胞器（如囊泡）。

色。如比目鱼喜隐藏于海底的沙砾中生活，它的体色和斑纹都和沙砾相似，而且会随环境颜色的深浅而改变，在深色背景中它的体色就深，在淡色环境中体色就变淡。有人把一条牙鲆先后放在黑、白、灰、褐、蓝、绿、粉红和黄色背景上，它能像变魔术一样也随之变换自己的体色。再如热带石斑鱼，可以在短时间内，忽而由黑变白，由黄变绯，由红变绿，短时间内变换出六种不同颜色，且身上的斑点、条纹也忽明忽暗地变换。有的鱼白天和夜间体色不同。有的鱼如鲭鱼、羊鱼等，在临死前体色变得更鲜艳，所以在罗马时代常将羊鱼端上高级宴席，让宾客欣赏其突然变幻的各种神秘色彩。这种体色变幻，各种鱼快慢不同。有的很快，说变就变；有的很慢，需要几分钟甚至几天。改变迅速者是受神经直接控制，改变慢者是受激素控制，激素通过血液循环而起作用，所以速度就慢。

条石雕

集群自有好处在

许多以浮游生物或小型无脊椎动物或其他小型鱼类为食而又生活在较靠外海区域的鱼类，往往有大规模集群现象。白天它们像结构严密的集团军到处游动，群里的所有成员都几乎以同样的速度，彼此间保持着大致同样的间隔距离，并沿着同一个方向向前运动，说快都快，说慢都慢，说拐弯都一起拐弯，就像是一条鱼一样，步调那么一致。有些鱼是为了繁衍后代而集群，也有些鱼为了洄游，或游向产卵场或游向越冬场，而集结在一起，成千上万条甚至上百万条鱼浩浩荡荡向前挺进。有人在北海见到鲱鱼的一个大群，在海面前后延伸有15~17千米长，5千米宽，简直像鱼的海洋。鱼群中每个成员所处的位置时时都在变。它们没有固定的领头鱼。如果突然改变了方向，就往往使后军或侧军做前军，原来的前军就成为侧军或后军。在群的边缘上的成员趋于向中心移动，另一部分成员就会暴露在边缘上。渔民在围捕鲐鱼时往往就利用鱼的这一习性，发现鱼群后立即下网然后分乘小艇用石头去拦截鱼，只要往鱼群前方丢一块石头，鱼群就立即转向，这样就会逐渐把鱼群赶进网口里。

基本小知识

鲐　鱼

鲐鱼（Pneumatophorus japonicus），鲈形目，鲭科，鲐属。体粗壮，呈纺锤形，尾柄结实；尾鳍基部每侧有纵隆起脊两个。头大，前端尖细，呈圆锥形。眼大，位高，有发达的脂眼睑。上下颌等长；牙细小，上下颌齿各一行。侧线明显。背鳍两个。体背呈青蓝色。有不规则深蓝色横纹或斑纹。斑纹延伸到侧线下方。为海洋洄游性上层鱼类，游泳力强，速度大。

集群鱼的眼睛往往有一个广角视野，特别在侧面视野很宽，这有利于它瞻前顾后、左右照顾。除视觉获得的信息外，它还有一个敏感的侧线器官，能根据水流的微妙变化探知群中相邻成员的游速和方向。鱼类的胸鳍主要用于运动中的平衡、制动和转向等，而群游鱼的胸鳍是相对固定、不大活动的，所以每个成员都不能依靠胸鳍使自己停步不前或节节后退或周围徘徊。只能向前游，就像是往前走动的一大群人的情况一样，群体中的任何一个人想中途停留或

群　鱼

转身回走都是困难的，只能顺着大流往前走。鱼群中的鱼只有游泳的空间而无彼此间转向的空间，任何一条鱼想不和其他鱼冲突而任意绕圈子是不可能的。

群鱼狂舞

鱼群对群中的成员有一定的保护作用。捕食者一般都较它的猎物体魄大、游速快，若是不在群中而是单独行动，被捕食者碰到，往往很难幸免。若一个大群碰到捕食者，往往会使它有老虎啃天不知如何下口之势。当鱼群和一个捕食者遭遇时，立即分成两半，避开捕食者，在其两侧远远地绕过去，到其后方重新汇合。若捕食者转回来，鱼群以同样的方式重复。若一个大型的捕食者在未被发觉的情况下突然冲入鱼群，鱼群就会像爆炸一样，都以最大速度朝不同方向游开，给捕食者前面留下一个空荡荡的水面。小型鱼在适当刺激条件下，可以在$\frac{1}{20}$秒的时间内达到它的最大游速。即使在这种虎口逃生的情况下，也从未发现有不同个体间互相碰撞的现象，就像是每条鱼都有某种感觉知道它的邻居受到攻击时将往哪里跑一样。即使捕食者能在鱼群中捕到鱼吃，位于群中的个体被捕食的概率要比其单个行动时低得多。若一条凶猛的鱼一次吃 10 条鱼就饱，遇到一个上万条鱼组成的大群，每条鱼被捕食的概率只有 1‰，鱼群越大，概率就越低。

有些大洋型洄游鱼类如金枪鱼也集结成群，主要是为了繁殖，而不是为了预防更大的捕食者，因为它几乎再无比它大的敌害，而且当遇到猎物群时，结集成群也有利于每个成员吃饱肚子。金枪鱼群在捕食时表现出极强的合作精神，当它们遇到要捕食的鱼群时，立即分成两队以抛物线形从两侧包抄过去，把鱼群围在当中，以瓮中捉鳖之势，从容捕食。有些草食性珊瑚礁鱼类集群的目的也是为了取食，当它们闯进某些鱼的控制范围去觅食时，必然遭到领主的驱赶。但领主不可能同时把整群鱼都赶走，当它赶那边一些鱼时，这边一些鱼就抓紧时间吃，再回来赶这边一些鱼时，被赶走的鱼又回来吃。

游快游慢总有因

鱼的游泳速度一般并不快，除短距离的瞬时速度可以较快以外，连续运动一般不超过每小时 32 千米。小型鱼的最大游速是每秒钟游过相当于其体长 10 倍的距离。游速最快的要算箭鱼，每小时近 120 千米，比航速最快的舰船还要快好几倍。箭鱼在辽阔的大洋上疾驰如箭，尖尖的上颌不仅可以刺穿鱼或巨鲸，甚至可以穿透 33 厘米厚的木船壳。金枪鱼是唯一能长距离快速游泳的大型鱼类，它身体两侧有特殊的肌肉带，这些肌肉带血管丰富，活动力强，肌肉带的温度比周围海水和身体的其他部分高 3℃ ~ 12℃。据实验，金枪鱼每天可行进 230 千米。由于它没有像哺乳类那样很厚的皮下脂肪，必须靠积极的活动来保持它较高的肌肉温度，因此它的能量消耗就大，需要高的代谢率，所以金枪鱼幼体每天必须摄食相当于其体重四分之一的食物才行。游泳能力最差的要算翻车鱼，它虽然能长到 4 米多长，2 吨多重，但只能随波逐流。最懒的莫过于鲫鱼，它既想涉足远洋，又不愿花费力气，总是吸附在

箭 鱼

其他大鱼身上或舰船底部，“免费”旅行。它的背鳍变成特殊的吸盘，吸盘的吸力极强，长 60 厘米的小鲫鱼，就能承受 98 牛顿的拉力。

知识小链接

箭 鱼

箭鱼，又称青箭鱼。因其上颌向前延伸呈剑状，故名。属鱼纲、鲈形目、箭鱼科的一种飞鱼。分布于印度洋、大西洋和太平洋，大西洋西部的美洲岸是箭鱼的主要产地。在中国，箭鱼活动于东海、台湾海峡至南海辽阔外海，渔民在这些海域均有捕获。

箭鱼的幼鱼，肉质鲜美，并可加盐成干，长期保存。更可以加工成罐头、鱼肉香肠、鱼肉火腿等。

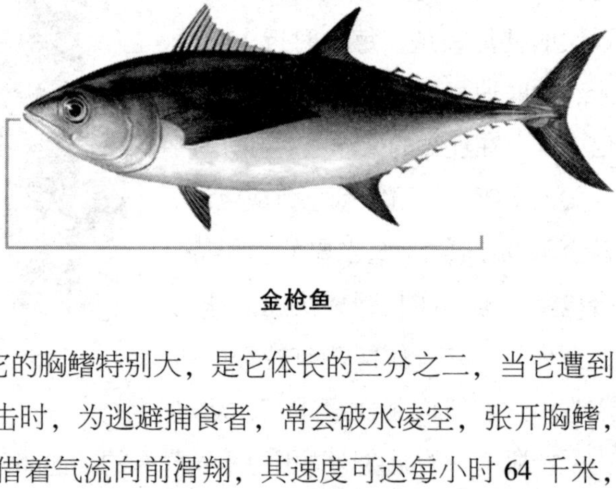

金枪鱼

就游泳的姿势看，绝大多数鱼是头朝前，尾在后；但也有的鱼如海马，游泳时头朝上立着游；虾鱼则相反，头朝下游；有的鲇鱼总喜欢腹面朝上仰游。还有的鱼不仅会游泳，还会“飞”，如飞鱼，它的胸鳍特别大，是它体长的三分之二，当它遭到金枪鱼、箭鱼等凶猛鱼类追击时，为逃避捕食者，常会破水凌空，张开胸鳍，在水面以上几米高的空中，借着气流向前滑翔，其速度可达每小时 64 千米，滑翔距离可达 300 多米。很大的腹鳍也展开来，以扩大滑翔面积。当降落时，尾先着水，尾的下叶以每秒 50 次的频率拨水。它们还有趋光习性，夜间常飞到夜航中的舰船甲板上。也有时上百条飞鱼上上下下在海上滑翔，此起彼伏，使海面呈现一幅美丽的景色。

摄食习性各不同

鱼的种类不同，其食物组成和捕食方法也各不相同。而摄食习性的不同，也是引起鱼类的演变及产生多样性的最大影响因素。大体上说来，鱼类的食性可分为三类，即浮游生物型、游泳生物型和底栖生物型。当然鱼类多是机会捕食者，遇到什么吃什么，彼此的界限并不很清楚，同时鱼的一生中从小到大食性也是在不断改变的。

沙丁鱼

趣味点击　鳃耙

鳃耙，硬骨鱼类地每1个鳃弓地内缘生有两排并列的骨质突起，称为鳃耙。鳃耙为鳃部的过滤器官，用以阻挡食物和沙粒随水流经鳃裂流出，以免损伤鳃瓣。其长短疏密因种和食性而异。如：杂食性鳃鱼，鳃耙的疏密程度适中；肉食性鱼，鳃耙短而疏，仅具有保护鳃瓣作用，而无过滤食物的功能；以小型浮游生物为食的鱼类，鳃耙细而长，结成网状的细筛，用以阻挡微小食物随水流带出鳃外。

以浮游生物为食的鱼，都有发达的鳃耙。鳃耙是鱼鳃弓上的角质突起。鳃弓的一侧是鳃丝，用于呼吸，另一侧就是鳃耙。当水进入鱼的口由鳃出去的过程中，食物就被过滤下来，集中在喉部，然后吞咽下去。当然浮游生物又分为浮游植物和浮游动物，浮游动物有大型与小型之分，不能一概而论。不同的鱼有不同的嗜好。鳗鱼是浮游生物食性的一个典型代表，它的身体不大，一般长22厘米，口却很大，摄食效率很高。浮游生物是海洋里最主要的食物资源，它养活着世界上最大的鱼群，这些鱼群又养活着所有大型肉食性鱼类、海鸟、海豹及一些其他动物。这些鱼群还是渔业上的重要捕捞对象，所以非常重要，其成员有著名的沙丁鱼、鲱鱼、沙瑙鱼和秘鲁鳗鱼等。

多数鱼是以其他鱼类和较大型的无脊椎动物为食，是大鱼吃小鱼。这些肉食性鱼一般都是个体较大，游速较快，多有锋利的牙齿。中层与下层的肉食鱼都比上层鱼身体略小，但头大、口大和牙齿过大，呈现一幅凶神恶煞的模样。肉食性鱼视力好，能敏锐地发现猎物，还有不少鱼有敏锐的嗅觉，使它在视力看不到的很远距离内就能探测出猎物的存在。例如，梭子鱼修长的身体可长达 3 米，有发达的肌肉、长长的颌、尖尖的牙齿，有些牙齿还朝里弯曲。它捕食的策略是穷追不舍，赶上猎物之后一口咬住，狼吞虎咽而下，对较大的猎物则咬成两三截，再逐一食之，它那像长柄大镰刀一样的大尾鳍可用以在追捕猎物中加速。还有的鱼如鲫，凭着自己的惊人的游速和加速度，竟可以虎口拔牙，从正在捕食的鲨鱼嘴里抢出肉来吃。还有些鱼采用守株待兔的策略，坐等猎物游近时，才突然一口吞吃。带鱼也是凶猛鱼类，不仅捕食其他鱼类，而且同类相残，如古书《物鉴》称："带鱼形纤长似带，衔尾而行，渔人取其一，则连类而起，不可断绝，至盈月溢载，始举刀割断，舍去其余。"网捕带鱼确有带鱼吞食同类时刚吞入尾部的个体。但上述"不可断绝"之说未免言过其实了。

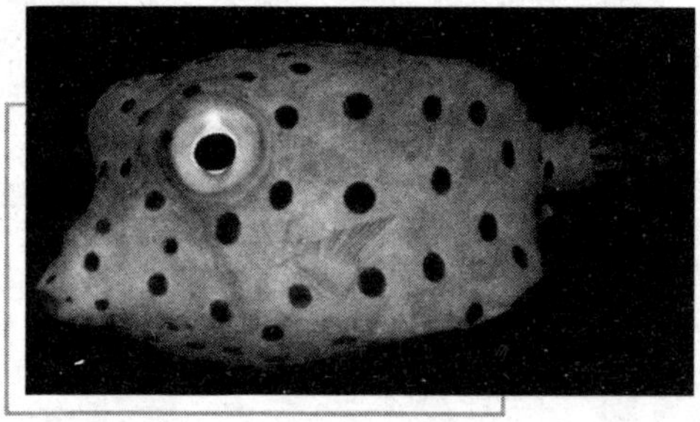

箱　鲀

以底栖动物为食的鱼类，有一些往往有大头、大嘴且眼和口的方向都朝上，似乎看着上面掉馅饼。它们往往潜藏在海底礁石缝中、海藻下或海底，待机行事。当鱼或其他猎物一旦靠近到一定距离，就立即出击歼灭之。比目鱼、鳐和大量的铀科鱼类等底栖鱼类，往往比较懒，不大爱活动，代谢率很低，耗氧量也少，鳃表面积和体重的比例较快速游泳者要小。因鳃是从水中摄取氧气的器官，面积小，效率就低。许多海洋无脊椎动物，包括贝类、甲壳动物等喜埋于海底的软泥或沙中，表面上根本见不到。如何发现它们，各种鱼是八仙过海，各显其能，这些鱼也往往被称作挖掘工。如箱鲀就是精明的挖掘工，它们几乎是头朝下垂直地贴海底游动，用口喷水像水龙头一样把海底上层的泥沙冲走，下边的食物就暴露出来了。大型蝠鲼也是个高效的挖掘工，它的体盘宽有 1 米多，重达 95 千克，利用它那像翅膀一样宽大的胸鳍，把表层的泥沙扇走，将它喜欢吃的双壳贝类和甲壳动物暴露出来，再用粗壮的颌和磨石状的扁平齿把贝壳压碎，尽情地享用。有报道说，蝠鲼能用翼状的胸鳍作成一个巨大的吸杯，把藏在洞里的猎物吸出来。有些鱼如羊鱼则更为高明，它的下颌下方有一对长长的触须，指向下方，可以弯曲，到处活动。这是一对化学感受器，既灵活又很灵敏，就像探测器一样，在海底泥沙表面甚至伸进泥沙里去探测，发现它的美食即小型甲壳动物和蠕虫后，就迅速用朝下方的口掘出来吃。鳕鱼也是靠灵敏的鼻和触须来挖掘软体动物和其他无脊椎动物为食。

烟管鱼身体细长，长 15～20 厘米不等，游泳能力很弱，是一种颇为娇气的吸食者。它的吻很长，口很小，像一根烟管，因此而得名。它捕食时像用吸管吸水一样，把水和其中的食物一起吸到嘴里，所以食物的大小很受限制。它经常用尾部将自己贴靠在海藻上或其他物体上，它的眼睛能各自独立活动，就像变色蜥蜴一样，能扫描附近的水域，以发现食物。许多热带珊瑚礁鱼类，用细而长的吻部伸到珊瑚礁缝隙之间，用尖锐的门齿状牙齿搜捕珊瑚礁中的小型无脊椎动物吃。鹦嘴鱼是近岸

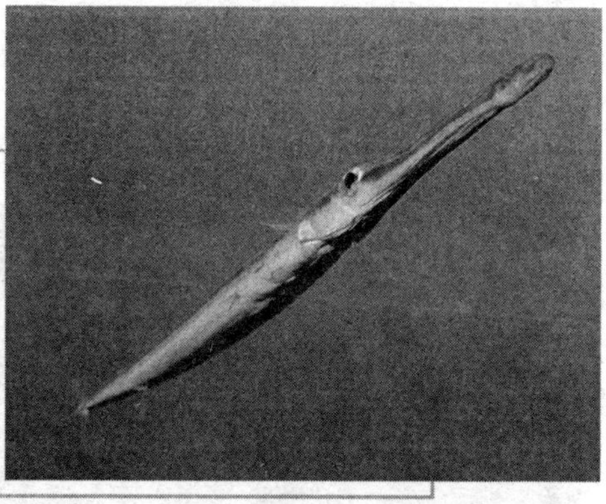

烟管鱼

珊瑚礁的中到大型即长 25～100 厘米的草食性鱼类，主要以礁石上生长的海藻为食。它的牙齿愈合成粗重的喙状，且具锋利的边缘，用来从石头上刮取藻类吃，也吃活的珊瑚，主要摄取与珊瑚虫共生的植物细胞。它的喉部上下面都有臼齿状咽喉齿，用以磨碎吃进的植物和珊瑚虫，因此它的捕食活动能使珊瑚沙漠化。一条鹦嘴鱼一年能将一吨珊瑚变成沙，对珊瑚有破坏作用。身体只有 10～15 厘米长的珊瑚礁鱼类钳嘴蝴蝶鱼，也是用长长的吻、尖尖的颌、利利的齿，从复杂的环境中摄取食物吃。它喜欢吃管栖多毛类的触须、珊瑚虫和从海胆的棘之间摘下的管足和棘。它的背鳍棘高高竖起，提示其他肉食者，它本身并不是容易下咽的美蟹。鳞鲀则喜欢以海胆为食。

父爱母爱都是爱

鱼类的繁殖方式是多种多样的。不同鱼采取不同方式，五花八门，各有巧妙不同。多数鱼是卵生，在生殖季节，雌鱼把卵产到水里，雄鱼随之为其授精。受精卵随水飘浮或附着于某些海藻等基质上自然孵化，其死亡率很高，但鱼的产卵量也大，如翻车鱼能产 3 亿粒卵，弥补了这一不足。

有些鱼能对自己的受精卵给以精心照料，如有一种鲇鱼把卵含在口里孵化。卵受精以后，雄鲇鱼把 40～60 粒很大的卵含在口里，孵化达 9 周之久，其间雄鲇鱼不吃不喝，对身体消耗很大。卵孵化出来以后，小鱼还和大鱼待在一起达一个来月。其间一有危险，小鱼就立即钻到大鱼口里寻求保护，直到小鱼长大纷纷自动离去，大鱼才得以休养生息。还有一种鱼叫钩背鱼，是因雄鱼的

鲇　鱼

头部背面有一个特殊的钩而得名。这个钩能钩住卵块，让卵在头上孵化，其间雄钩背鱼可以正常摄食，要比雄鲇鱼轻松得多。海马、海龙同样是雄鱼尽孵化的义务，但孵化技巧略高一筹。雄海马腹面有一个育儿袋，和澳大利亚袋鼠的育儿袋有些相似，雌海马把卵产在雄海马的育儿袋中，雄海马给卵受精后，卵就在袋中孵化，营养由父亲的血液提供，到卵发育成小海马以后，雄海马多在黎明之前扭动身体，屈曲育儿袋肌肉“产出”小海马，让它们去独立谋生。在鱼类约有三分之一种类的雄鱼积极参加育儿，这有利于提高仔鱼的成活率。

另有些鱼是建窝孵化，如雀鲷。一到繁殖季节，雄雀鲷都变得体色鲜艳，换上婚姻装，把自己打扮得漂漂亮亮的，并忙忙碌碌地在近岸礁石中用红藻建一个窝。建好后摆动带白边的尾鳍积极招亲，被吸引而来的雌雀鲷，把卵产到窝里，同时雄雀鲷为卵授精，然后雌雀鲷就离去，更常见的是雄雀鲷把它赶走。雄雀鲷独自用几周的时间精心守护着卵的孵化，不断地用鳍扇动海水，保持着窝内的清洁和良好的氧气供应，赶走来犯者，直到小鱼孵化而出。美洲近海有一种鱼叫光颌银汉鱼更有趣，把卵产在岸边的沙子里，靠太阳能进行孵化。到了春、夏季，在大潮之夜，雄雌鱼都趁着岸边最高潮时的波浪，爬上岸去，雌鱼扭动着身体把尾巴插进沙里，把卵产在一个隧道式的坑里，一条或几条雄鱼围绕着雌鱼并给卵授精，然后亲鱼趁着下一个大浪游回大海，产卵坑也被海浪冲起的沙子埋好。距下一次大潮有 10—12 天的时间，其间不会有海浪冲到产卵窝处，卵在阳光的照射下，在温暖的沙子里慢慢孵化。等下一次高潮到来，海浪又爬到产卵窝的高处时，小鱼正好破壳而出，扭动着身体钻出沙坑，正好趁着海浪游进大海，到第二年长到 15 厘米长时，也开始重复其父母的行动。因此光颌银汉鱼要获得繁殖上的成功，必须和潮水时间巧妙地配合一致，产卵的时间不能早不能

霓虹雀鲷

晚，恰好在大潮时才能爬到高潮线以上，卵才不会被浪冲走；卵孵化的时间不能长不能短，正好在下一次大潮到来时孵出，小鱼才能顺利地趁海浪入海。

基本小知识

银汉鱼

银汉鱼科 Atherinidae，体细长而呈亚圆筒形，或略侧扁。头中大。眼较大，侧位，无脂性眼睑。口可伸出，上颌缘由前颌骨组成。鳃孔宽大，鳃盖骨后缘平滑。鳃耙通常细长。体被大型圆鳞或栉鳞；无侧线。具鳔。体侧通常具银色宽纵带。两个背鳍，第一背鳍中型或甚小，第二背鳍稍长，但仍小于臀鳍长；臀鳍有 I 硬棘，5 软条；腹鳍小，腹位或下胸位；尾鳍分叉；无脂鳍。

有些鱼到生殖季节，要长途跋涉，进行生殖洄游，有的鱼是河里生海里长，还有的是海里生河里长，生殖时都溯河而上或降河入海。最典型的要算大马哈鱼，它们在河里孵化出后，降河入海，在海里度过 2—4 个春秋以后，都先后性成熟，雄鱼背高高弓起，嘴也弯起来，开始溯河而上。此时它们都停止摄食，逆流而上，非常吃力，有时还需跃上河闸，战胜湍流和瀑布，费尽千辛万苦，最后到达其出生时的黑龙江上游的小河支流中，其间有的要经过 1500 海里的漫长路程。到达目的地后，雌鱼在浅水底的砾石间建窝，产下约 3000 多粒卵，雄鱼同时进入窝中授精。以后疲惫至极的亲鱼再用砾石把卵埋好，随后就相继死去了。卵第二年春季孵出，在淡水中生活 1—2 年，长到约 15 厘米长，然后纷纷入海生活。

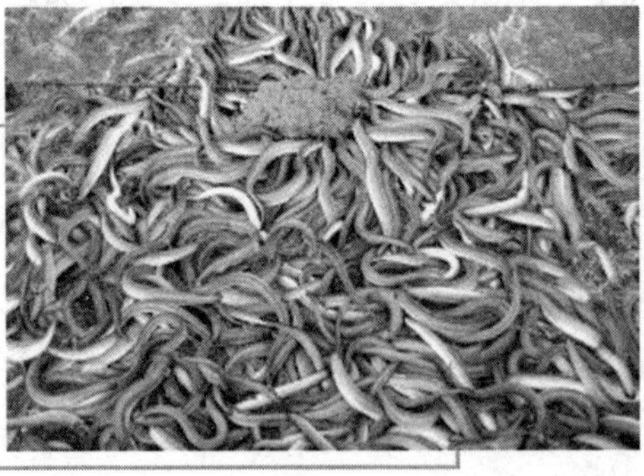

鳗鲡

鳗鲡则是另一种类型的代表，雌鱼在河里生活 8—12 年，雄鱼在河里生活 5—7 年之后，接近性成熟时，浑身变成银白色，闪闪发光，眼睛长得大而突出。秋季它们就离开江河，出海旅行，开始了海上冒险生活。正值新春之际，鳗鲡便沉到大海深处，产卵生殖。孵化后，小鳗鲡边生长边游向海面，然后又踏上父母走过的老路，向江河游去。一年要漂游 1800 千米，三年后终于回到父母生活过的江河里。

生殖上最先进的鱼要算海鲫。它们是胎生，雌雄鱼经过复杂的交配过程后卵子在雌鱼的卵巢内发育，胚胎的营养靠母体分泌提供，胚胎的鳍很大，且血管丰富，就是用于获得营养这一目的。

鱼儿水下能发声

过去不少人一直认为，鱼是不发声的动物，其实不然，不少鱼能发出各种不同的声音。有些鱼是由拍打鳃盖、摩擦背鳍或骨骼、咬铿牙齿而发出声响，也有的是从鳔里放出气体，利用鳔的振动而发声。各种鱼发出的声音是不同的，小黄花鱼发出的声音如蛙鸣，鰳鱼叫声像初学拉琴的人拉出的刺耳的声音，鲷鱼的叫声像熟睡人的咬牙声，黄鲫鱼叫出像风吹树叶的声音，河豚的叫声像犬吠，大黄鱼的叫声像远处传来的马达声，鲂鮄鱼叫出像呻吟或酣睡的声音。还有些鱼发出的声音听起来有的像鸣钟，有的似滚雷，有的如手风琴的低音合奏，有

河　豚

大黄鱼

的像纵情歌唱。这些声音从水听器中听来，有些像轮船螺旋桨的声音，有些又像潜艇在航行的声音，所以常使那些缺乏经验的声呐兵听了精神紧张，误以为敌人来袭击了。而渔民只要听听声音就能判断出哪里有什么鱼。明代李时珍就记载，黄花鱼“出水能鸣，其声如雷，渔人以竹探水底，闻其声乃下网截流取之”。

鱼类是人类生活中一种很重要的副食品，是人们食用蛋白质的重要来源。鱼肉中含有10%～30%的蛋白质，包括人体所必需的赖氨酸、色氨酸、亮氨酸等8种氨基酸，还含有很多易被吸收的脂肪、糖类及B族维生素。鱼皮可做鱼皮粉，还可以做成漂亮的鱼皮服装。鱼鳞可做鱼鳞胶、鱼鳞酱油、磷光粉、磷酸钙、盐酸、尿素等工业原料和化学试剂。鱼鳞胶可做电影胶片和X光底片。鱼骨可以制骨粉，鱼内脏可做农药，鱼油可做肥皂、油漆、润滑油等，鱼胆是制造人造牛黄的原料，鱼鳃可制鱼胶，鱼胶可制成工业黏合剂和外科手术用的缝合线。可以说鱼的全身都是宝。鱼类还是药材的宝库，已总结出90多种药用海洋鱼类。如“海鳗主治五痔瘘疮，杀诸虫”，鳕鱼肝油主治维生素A和维生素D缺乏症，海马有健身、止痛、催生、强心的作用，鲱鱼精巢中提取的脱氧核苷酸，对病人的白血球增生有明显的作用。因此，减少污染，是保护海洋生物资源的重要环节。

你知道吗

赖氨酸

赖氨酸，是人体必需氨基酸之一，能促进人体发育、增强免疫功能，并有提高中枢神经组织功能的作用。赖氨酸为碱性必需氨基酸。由于谷物食品中的赖氨酸含量甚低，且在加工过程中易被破坏而缺乏，故称为第一限制性氨基酸。饮食中缺乏赖氨酸的情况是比较常见的。通常情况下吃素的人发生率较高，一些运动员如果没有采取适当的饮食也会出现赖氨酸缺乏的问题。蛋白质摄入量低（如豆类植物，豌豆，小扁豆等）也可能导致赖氨酸摄入量低。

认识鲨鱼真面目

HAIYANG DONGWU DALIEQI

人们都觉得鲨鱼是可怕的，它盾鳞锋利骨头软，嗅觉灵敏电感佳，暴怒之时还不择食。那鲨鱼什么时候是最危险的呢？当与鲨鱼遭遇时怎么办呢？其实鲨鱼并不是都吃人的呢，有时候鲨鱼更需要人类的保护。

盾鳞锋利骨头软

鲨鱼是鱼类的一部分，由于它的骨骼全是软骨，所以称软骨鱼类。当然软骨鱼类不全是鲨鱼，还包括身体扁平的鳐、魟和鲼等鱼类，全世界约有550多种，其中鲨鱼有250～350种。鲨鱼大小相差悬殊，小者仅有10厘米长，身体最大的要算鲸鲨，长约20米，也有报道说长达25米，重15万千克，堪称鱼类之冠，可与世界上最大的海洋哺乳动物鲸相媲美，因此得名鲸鲨。鲨鱼全身都披着小刺，这种小刺在结构上和人的牙齿相似，称作盾鳞。盾鳞很锋利，因而鲨鱼皮可用作木工的砂纸，反过来人造的砂纸原来也是模仿鲨鱼皮结构制成，甚至连商标都取名鲨鱼牌。鲨鱼分布于世界各海洋里，以热带、温带海域中种类最多；在寒冷海域中鲨鱼的种类虽少，但每个种的个体数量多；也有少数种类栖于南美和东南亚地区的淡水中。我国各海区都有鲨鱼分布，以南海种类最多，如鲸鲨、姥鲨及虎鲨等。通过标志放流发现，不少鲨鱼每年也是有规律地做范围广泛地洄游，如南海的鲸鲨和姥鲨等都向东海、黄海海域洄游。

鲨鱼全身都披着小刺

嗅觉灵敏电感佳

鲨鱼不仅游泳迅速，而且感觉灵敏，最敏锐的要算嗅觉。从解剖上看，它的脑大部分和嗅觉有关，它的嗅囊特别大，鼻黏膜褶皱特别多，若将其展平，一条1米长的鲨鱼鼻黏膜的面积就有54平方厘米多。所以当鱼或其他动物包括人受伤流血时，虽相距很远，但血在海水中的浓度只要达到一百万分之一，鲨鱼都能嗅得到，从而顺着血腥味追逐而去。某种气味只要它嗅过一次，以后就能识别得出。1万吨海水中溶解1克氨基酸，鲨鱼也能觉察得出。鲨鱼的听觉也很好，其内耳感受低频声的能力很强，受伤的猎物在数千米远作不正常的运动，它也能探测得出。据潜水员报告，若用刀将鱼的肚子刺破，会立即受到鲨鱼的包围，速度之快，令人吃惊。由于鲨鱼是从上游来，因此有人认为，这可能不是鱼的血腥味所致，而是受伤的鱼在垂死挣扎中伴有的某种声音将鲨鱼吸引来的。当鲨鱼游到距猎物数十米远时，它的第六感觉即身体两侧的侧线系统能无比准确地捕捉每秒约为40周的振动波。鲨鱼的眼是近视的，但在15米以内的近距离内，视觉还是很敏锐的，特别容易看见经过深色背景上运动的物体，而且对颜色也有辨别能力。由于有些鲨鱼经常在较深水域活动，那里光线少，它的眼在视网膜上有一层像镜子一样的反光层，把进入眼的光再一次反射到视网膜上，以便充分利用微弱光线看清目标。鲨鱼还有电感受器，能测出一个落水人员的伤口所产生的电场。若一个人受伤流血时，就容易招致鲨鱼的袭击。据在水族箱里实验，把鲨鱼爱吃的食物埋在箱底的沙子里，表

广角镜

电感受器

电感受器（electroreceptor）是能够接受外界微弱电流而发放传入神经冲动的感受器，仅在某些鱼类（如电鱼和软骨鱼纲鱼类）中存在。例如，鲨及鳐皮肤深部的洛伦齐尼氏壶腹就是一种电感受器，它对电流特别敏感。狗鲨和射鳐的电感受器能对5×10^{-11}安培的微弱电流发生反应。

鲨鱼不仅游泳迅速，而且感觉灵敏

面上根本看不见，鲨鱼能立即探测得出。

鲨鱼吻区周围布满针状小孔，用手一压会有黏液外渗，这称作劳罗氏壶腹。它是1678年由劳罗氏首先发现和描述的，因此而得名。这也是一种感觉器官，它对海水的温度、盐度、电脉冲及压力的变化最敏感。鲨鱼的皮肤上散布有化学感受器，这使鲨鱼能探测出水中对它有害的化学成分，测定出水的盐度和其他化学变化。科学家们希望对这有更好的了解，以便将来能发展出一种有效的化学防鲨设备。

暴怒之时不择食

鲨鱼有着优美的流线形体型，完善的身体结构，快速游泳的能力。如噬人鲨的游速竟可以和一匹疾驰的快马相比。鲨鱼的力气大得惊人，尾巴一甩，能把船舷撞破；牙齿锋利，像一把把小尖刀，能把手指粗的电缆咬断。北美洲的印第安人甚至用鲨鱼的牙齿刮胡须。一条2.5米长的鲨鱼，牙齿咬食时的压力达250多兆帕。鲨鱼的牙齿往往有几排，前排牙齿在捕食时常脱落，后排牙齿就前移补充。鲨鱼一生要更换上万枚牙齿。

鲨鱼是肉食性鱼类。海里的所有动物，从最小的浮游动物到最大的鲸类，都是鲨鱼捕食的对象。贪婪的鲨鱼不仅凶狠残暴，而且有时饥不择食。从鲨鱼胃中不仅发现过海豹、海豚、鲸的残骸，还发现完整的海龟和马牛羊等陆生动物的尸体。鲨鱼还同类相残，胎生鲨鱼有的还在娘肚子里就互相残杀，吃掉自己的同胞兄弟。鲨鱼吞下的东西并不马上消化，往往要在肚子里放几天，所以才会

鲨鱼的力气大得惊人

有前述的“鲨鱼人臂谋杀案”的奇闻。

鲨鱼的主要食物是鱼类、软体动物和甲壳动物。当然各种鲨鱼的食性是不一样的。大洋性鲨鱼，如鼠鲨、青鲨等游泳力强，主要捕食各种鱼类；浅海性鲨鱼活动力弱，主要以底栖生物为食；猫鲨、白斑星鲨等鲨鱼的牙齿像地上铺的砖一样平坦，但非常有力，可以把任何动物的贝壳咬得粉碎，它们主要选择海底的海螺、蝾螺和螃蟹等动物吃。咬碎的贝壳碎片会随海水由鳃孔排出去，只把肉吃下去。锯鲨有一个很长的吻部，边缘上带齿，像锯一样，因而得名。锯鲨用长吻把海底的泥掘起来，搜捕里边的小动物吃。长尾鲨的尾鳍很长，捕食时围绕鱼群游动，并用长尾叩水，使鱼向当中集成一团，再吞而食之。长尾鲨以鲱、沙丁鱼和鲭等鱼为食，据说它可以用长尾把鱼拨到自己嘴里。长达 20 多米的鲸鲨和长 12 米的姥鲨，虽然体型巨大，颇具气势，但却从不伤人，甚至连大鱼也不吃，而是性情温和地从海水中滤取浮游生物和小型群游的鱼吃，因此，它的牙退化，鳃耙就像筛子或网一样起过滤作用，经常懒洋洋地在水面上慢慢游动。据说到了冬季，浮游生物稀少时，姥鲨的鳃耙脱落，然后沉至海底冬眠。

拓展阅读

底栖生物

底栖生物（benthos），即生活在水域底上或底内、固着或爬行的生物。现在一般只用于表示底栖动物。底栖生物（benthos），生活在江河湖海底部的动植物。按生活方式，分为营固着生活的、底埋生活的、水底爬行的、钻蚀生活的，底层游泳的等类型。如螺类、海星、海胆、蛇尾等就是在海底爬行的种类，身体常辐射对称、扁平或是盘状介壳。海绵、海葵、海百合、藤壶、牡蛎、海鞘和各种珊瑚在水体基底营固着生活，有较强的繁殖力，有的出芽生殖，形成群体，有的产生大量浮浪幼虫，遇到合适的基底就固着下来。

鲨鱼的摄食量很大。根据饲养中观察，鲨鱼每周的摄食量可达体重的

3% ~14%，在自然条件下可达10%。所以鲨鱼对渔业是有一定影响的。渔民用延绳钓捕的金枪鱼、旗鱼等有不少被鲨鱼趁机掠食而去。鲨鱼给金枪鱼钓业造成的损失可达整个渔获量的5% ~10%。在有些地区，鲨鱼可使渔获量降低30%。

若遇有海难，突然有大量食物出现，例如遇到意外爆炸，轮船不幸下沉，或飞机失事而落水等，鲨鱼会出现狂暴的捕食行为。特别当成群鲨鱼蜂拥而至时，简直会像一群饿狼一样，更加剧其疯狂程度。此时它们行为失常，毫无章法可循。有的直接游到水面，一口咬住任何漂浮的物体，突然下沉；有的一边疯狂地撕咬所看到的任何东西，一边将吻部向船底部猛戳。若一声爆炸，炸死了一些鱼，这犹如火上浇油一样，对鲨鱼更是极大的刺激；若某条鲨鱼抓到一条鱼拖到珊瑚礁或其他隐蔽处吃掉了，第二条鲨鱼游来朝第一条鲨鱼的肚子上猛咬下一口，随之盛怒的其他鲨鱼也一拥而上，几分钟之内，就会将这整条鲨鱼都撕碎吃掉。

繁殖率低寿命长

鲨鱼在繁殖上还是比较先进的。它们是体内受精。鲨鱼如何交配，过去有不少议论。因为雄鲨腹鳍后端衍生出的两条交接器，方向是朝后的，而雌鲨鱼阴道的方向是朝前的。经观察，交尾时先是互相追逐，至高潮时，雄鲨像蛇盘树一样将身体缠在雌鲨身上，两个交接器合在一起插入雌鲨阴道。雄鲨贮精囊内的精液是

鲨鱼繁殖率低寿命长

由泄殖乳突射出，经交接器内侧的沟导入雌鲨阴道，达到交配目的。虽然是体内受精，但卵子的发育方式有三种，因鲨鱼的种类不同而异。第一种是卵产出母体之外，在海水中孵化，如绒毛鲨、猫鲨、锯尾鲨等都是。有40%的鲨鱼是卵生，它们的产卵量很低，一般是10枚左右，少的一次仅产1~2枚，最多的也只有十几枚，但有的一个卵囊内有几个胚胎。卵很大，有的直径可达10厘米，更大者达23厘米，比鸡蛋要大得多。卵子外面有一层很厚的卵壳。卵的形状也很特殊，有的为螺旋状，有的呈长方形，四角上还有4条长丝，可用以系在海藻等物体上，胚胎发育的营养来自卵黄。第二种是卵胎生，如锯鲨、皱唇鲨都是。胎儿虽在母体发育，但营养主要靠卵黄囊供应。卵子的数量也很少，有的仅在左右子宫各1枚，多的也只有10枚左右。胎儿发育到13~30厘米左右，就从母体中生出来了。第三种是胎生，如白斑星鲨等就是。受精卵在母体子宫内发育。子宫分成若干小室，每个小室内有一条鲨鱼胎儿。每胎少者1~2尾，多者也只20尾左右。胎儿的营养是母体通过脐带和胎盘提供的，这和哺乳动物有些相似，但又有根本的不同。它的胎盘只是卵黄囊的变异，而脐带则是卵黄囊与胎儿连接部分的延长。

尽管鲨鱼有卵胎生甚至胎生，但小鲨鱼的死亡率仍是很高的，有报道说达50%。性成熟的时间也相对较晚，当然各种鲨鱼不同，如白斑星鲨出生后2—3年性成熟，大青鲨则是5—6年，姥鲨贝吐是6—8年。就是同一种鲨鱼，所栖息的海区不同，性成熟的年龄和体长也不一样。如北方产的白斑角鲨，雌性11岁、体长82厘米，雄性5岁、体长60厘米达到性成熟。而栖于哥伦比亚海域的雌雄白斑角鲨分别在23岁和14岁时才成熟。有些鲨鱼是每隔一年繁殖一次，所以总的来说鲨鱼的繁殖率是较低的。据报

鲨　鱼

道，1986 年 10 月在澳大利亚海上捕获一条鲨鱼，是 1951 年科学家标志放流的，当时它的体长是 135 厘米，估计年龄为 10 岁。经过 35 年，再次捕获时已是 45 岁了，体长只有 152 厘米，35 年它才长了 17 厘米，反映出鲨鱼的寿命较长，生长速度并不快。

知识小链接

大青鲨

大青鲨，是学名为锯峰齿鲛的一种鲨鱼的俗称，多见于温带至热带海洋中。大青鲨属于白眼鲛科鱼类，全长可达 6 米，吻部较尖，牙有锯齿缘，主要以鱼为食，也吃腐肉，它们能迅速出现被屠杀的鲸身边。是一种可以袭击人类的鲨鱼。栖息于大洋上层大型鲨鱼，偶可见于沿海水域，曾有报导出现于河口区。一般皆在水表面活动，胸鳍开展，背鳍及尾鳍上叶会露出水面，缓慢游动。

鲨鱼何时最危险

人们无论是潜水作业或下海游泳都要对鲨鱼保持警惕。遭鲨鱼袭击是相当危险的。鲨鱼在袭击目标之前，往往先是来回游动，胸鳍朝下指，背弓起，整个身体成僵直状态，头像尾鳍一样左右摆来摆去，这称作好斗姿态。发起进攻时，朝向目标猛咬一口或猛烈地一撞，甚至有时将受害者完全撞出水外。鲨鱼攻击很难预测，有时在拥挤的游泳人群中，它专选某个人如受伤流血者攻击，甚至一再攻击同一个人，对其他人包括前去营救的人却置之不理。有时它似毫无兴趣地游近一个潜水员，或到一个闯入者附近看一眼，然后平静地游开了。但若激怒了它，如用刀砍或用枪刺它，用手抓它的尾巴，喂它鱼吃，挡住它的去路或做其他的令它讨厌的事，都易招致鲨鱼的攻击。而实际上这些行为是可以避免的。必须记住，鲨鱼是游泳迅速而又强有力的动物，一旦发起怒来，很容易致人以重伤。一群小型鲨鱼比单独一条大鲨鱼伤害性更大。但据统计，86% 的攻击事件并非鲨鱼被激怒的情况下发生的。鲨鱼还容易被鲜艳的色彩、闪亮的金属物体、水中的血和死鱼等食物、低频振动和爆炸、被捕鱼的垂死挣扎所吸引，而对人发起进攻。

最凶猛、最危险的要算是噬人鲨。它纺锤形的身体有 9 米多长，发达的肌肉、宽大的尾鳍使它游泳迅速，行动敏捷，活跃在全世界温暖海洋的中、上层。它的吻部尖如圆锥，宽大的口裂里长着几排又尖又大的三角形牙齿，边缘上还带锯齿。落水的人若遭遇到它的袭击是很难幸免的。它不仅捕食鱼类，而且还袭击大型鲸类、海豹，甚至攻击渔船。在西非近海，有人目睹噬人鲨攻击并吃掉一只大象。鼬鲨也很厉害，它身长不过 4 ~ 5 米，但能爬到水深仅 30 厘米的浅滩里捕食。所以在它的肚子里不仅发现过马和羊等陆生动物的尸体，而且还发现过雨衣和啤酒瓶之类的东西。能攻击人的鲨鱼还有体长达 7 米的灰青鲨和长 4 米的双髻鲨。双髻鲨的头长得很怪，像个丁字形，头向两侧突出的部分看起来宛如古代妇女头上的发髻，因此而得名。它几乎什么鱼都吃，从其胃里还发现过有毒的赤魟。

噬人鲨

全世界多数海洋都发现有危险的噬人鲨，然而噬人鲨攻击人的事例多发生在南纬 47° 至北纬 46° 之间。最北的记录是亚得里亚海，最南的记录是新西兰南岛。54% 的攻击事例发生于赤道以南。南极和北

全世界多数海洋都发现有危险的噬人鲨

认识鲨鱼真面目

极海域尚无噬人鲨攻击人的记录。

基本小知识

双髻鲨

双髻鲨，以其头部的形状而得名。双髻鲨的头部有左右两个突起。每个突起上各有一只眼睛和一个鼻孔。两只眼睛相距 1 米。最近的一项研究证实，眼睛的分布对它观察周围情况非常有利。锤头鲨不仅像人类一样拥有双眼视力（两只眼睛的视野重叠在一起），而且它通过来回摇摆脑袋，可以看到周围 360°范围内发生的情况。

鲨鱼攻击人也和水温有关，20℃ ~21℃似是最危险的温度。如赤道海域即南纬 21°至北纬 21°之间，水温为 23℃左右，终年都会有这类事例。在较高纬度区，多发生在夏季，如北纬 21° ~42°之间以 5—10 月，南纬 21° ~42°之间以 11 月至翌年 4 月为鲨鱼袭击人最多的时期，但在低温下鲨鱼也是可以伤人的。有人认为水温高低可能使鲨鱼情绪不好而伤人，也有不少人认为和水温没有什么直接关系。

据 631 例鲨鱼攻击人的统计，有 69% 发生在风平浪静的情况下，19% 与拍岸浪有关，只有少数在波浪滔滔的情况下。就天气好坏而论，292 起事件中 60% 是在晴天，32% 是在阴天，极少数发生在雨天。就白天黑夜的情况看，700 多个事例统计显示 91. 8% 发生在白天，傍晚占 3. 8%，夜间极少。实际上鲨鱼在夜间更活跃，在近岸海域数量也最多，最有危险性。鲨鱼伤人所以多发生在白天，是因白天下海的人多的缘故。

并非鲨鱼都吃人

并非所有鲨鱼都袭击人。据统计，全世界袭击人的鲨鱼仅有 32 种，其中可能还有一些属同种异名，因而真正能袭击人的鲨鱼也不过 10 多种。就是臭名昭著的噬人鲨，也未必是一见了人就袭击。噬人鲨一般并不找人的麻烦，这种鲨的数量还是相当多的，它每年可能有上百万次机会袭击人，但真正发生的袭击事件全世界也不过数十次，有确切记录的平均每年不到30起，最高者每年达56起。将人致死的次数还要少，只占遭袭击次数的16%，高者达40%。1995年发生59起，造成10人死亡。鲨鱼的凶猛程度并非一成不变，有些也可以因季节和海域的不同而发生变化。如锥齿鲨，春季怀胎期间很凶猛，容易发怒，但至夏季产仔后就变得很温和，甚至较胆小，不会袭击人。即使同一种鲨鱼，在这一海区可能会袭击人，而在另一海区也可能是温和的。据统计，人死于火灾的可能性是二百万分之一，死于蜂蜇的可能性是五百五十万分之一，而遭鲨鱼袭击的可能性仅为三亿分之一。所以鲨鱼对人的危险程度多半是经过传播者扩大了的。

当与鲨鱼遭遇时

尽管如此，人们对鲨鱼还是不可掉以轻心，而是要高度警惕，尽量不要在能见度低而又有鲨鱼活动的水域活动。河口往往是垃圾成堆的水域，而垃圾对鲨鱼最有吸引力，所以要避免在河口处游泳。傍晚或夜间在适合鲨鱼捕食的水域游泳要格外小心。若遇到了鲨鱼，要镇定自若，慢慢游开。若突然出现一条好奇的大鲨鱼，要尽可能逃出水外，万万不可惊慌失措，要始终用眼盯着它，

人与鲨鱼搏斗

鲨鱼最喜欢血腥味

切不可将背朝着它。要牢记在水面处是最容易受伤的，如果带有水下呼吸器，要潜下水去隐身于一个珊瑚礁之后，或隐身于石缝间，或用一个什么坚硬的物体放在你的背部。面对鲨鱼，要尽可能保持安静；遭到攻击时，要用能得到的工具猛敲鲨鱼的鼻子或刺它的眼，对击退鲨鱼很有用。鲨鱼最喜欢血腥味，所以切记不可把刺伤流血的鱼带在身上，要尽量将其送上船或系在远离你游泳的地方。鲨鱼的皮肤覆以盾鳞，很容易将人的皮肤擦伤，一出血就很容易刺激鲨鱼的疯狂行为，并能把更多的鲨鱼吸引过来。所以身体受伤流血者一定不要待在水里。

鲨鱼更需人保护

鲨鱼是很有价值的水产动物，它的肉占体重的20%～56%，含有大量维生素、蛋白质和矿物质，含脂肪少于1.6%。如果烹调得法，同样是一种美味食品。如熏制、腌制后晒干，其味道甚至可以和咸鲟鱼肉媲美。鲨鱼肝脏大，有的竟达其体重的$\frac{1}{4}\sim\frac{1}{3}$，其中含有大量维生素A和维生素D，是制造鱼肝油的重要原料，可以治疗夜盲、佝偻、肺结核等病。鲨鱼肝中还可提取大量鲨烯，这是一种不饱和碳氢化合物，是治疗烧伤的良药，又因其凝点低（-60℃），也可做飞机的润滑油和不冻性的精密机械油。含有鲨烯的雪花膏，具有使皮肤滋润、纹理细腻、增强丰满度和美感的作用，是妇女最爱用的化妆品之一。鲨鱼的鳍是著名的鱼翅，历来与猴头（一种蕈类）、燕窝并列为三大佳肴，人们把鱼翅看作是滋补身体、增强性欲的佳品，在美国每磅（450 克）鱼翅要 14.5 美元。一些到远东做鱼翅生意的贩子成了百万富翁。这大大刺激了人们对鲨鱼的猎捕。有些人捕到鲨鱼后，只取其肝和鳍，更甚者有的只将鳍割下后，将半死不活的鲨鱼扔回大海，失去鳍的鲨鱼终归要死于海底，这是对海洋资源的极大破坏。人们还用鲨鱼的上下颌赚大钱，据说一条 5.2 米长的噬人鲨，仅它的上下颌就能赚到上千美元。

鲨鱼的皮可以提取鱼皮胶，可以做砂纸。鲨鱼皮革是制造皮包、皮箱、牛仔靴的上好材料。鲨鱼的脑垂体、甲状腺等可提取激素。鲨鱼的角膜可使许多人重见光明。人们发现鲨鱼不患癌症，研究它们的生理结构，从中可以获得启发，为癌症患者带来希望。

你知道吗

脑垂体

脑垂体，于丘脑下部的腹侧，为一卵圆形小体。是身体内最复杂的内分泌腺，所产生的激素不但与身体骨骼和软组织的生长有关，且可影响内分泌腺的活动。垂体可分为腺垂体和神经垂体两大部分。神经垂体由神经部和漏斗部组成。垂体借漏斗连于下丘脑，呈椭圆形，位于颅中窝、蝶骨体上面的垂体窝内，外包坚韧的硬脑膜。位于前方的腺垂体来自胚胎口凹顶的上皮囊（Rathke 囊），腺垂体包括远侧部、结节部和中间部；位于后方的神经垂体较小，由第三脑室底向下突出形成。

知识小链接

甲状腺

甲状腺（拉丁语：Glandula thyr（e）oidea；英语：Thyroid）是脊椎动物非常重要的腺体，属于内分泌器官。在哺乳动物它位于颈部甲状软骨下方，气管两旁。人类的甲状腺形似蝴蝶，犹如盾甲，故名。随着社会的发展，生活水平的不断提高，现在女性患甲状腺不断攀升，据统计以每年 0.3% 的比例增加。

人类对鲨鱼的捕杀远比鲨鱼对人的伤害要严重得多。每年有约 34 万～1 亿条鲨鱼被捕杀。1945 年，前英国首相丘吉尔曾发表过著名的“杀鲨”声明：“英国政府正竭力反对鲨鱼。”于是人们大开杀戒，开始了对鲨鱼的疯狂围剿。仅澳大利亚的昆士兰州就捕杀各种鲨鱼 2 万多条，鳐类 1 万多条。人们或因鲨鱼伤人名声欠佳而厌恶鲨鱼，每遇必诛之，或受经济利益驱动而捕杀鲨鱼。据报道，美国加利福尼亚近海的长尾鲨几乎被捕杀一空；佛罗里达近海的柠檬鲨也已难见踪迹。哥斯达黎加的双髻鲨也濒临灭绝，连凶猛的噬人鲨也处于种族灭绝的危险。因此不少人提出要保护鲨鱼，美国政府宣布禁止在 200 海里水域内捕鲨。科学家提出要让人们知道，鲨鱼是大自然留给人的宝贵遗产，是人类的朋友，要建立鲨鱼保护区。若捕杀过度，打破了生态平衡，人类就要承担严重的后果。如几年前澳大利亚的塔斯马尼拉州海域由于捕鲨过度，而使章鱼泛滥成灾，致使当地渔业遭受重大损失。

奇妙的海洋发光生物

HAIYANG DONGWU DALIEQI

海洋中有着很多的发光生物，那些在水中发光的都是什么？发光是为了什么呢？这样的光又有什么用途呢？本章中带领你探索究竟。

火在水中生

海火的景观非常美丽，此起彼伏的波涌，相互撞击的浪花，使海面上火光粼粼。当一排排海浪向岸边涌来，会激起一条条火龙，前推后拥，犹如群龙起舞。蜿蜒曲折的海岸，犬牙交错的乱石，奇形怪状的暗礁，迎击着拍岸惊涛，一次次地激起千堆“火”。那“火”腾空而起，随即又似天女散花撒落下来，像光雨、光斑、光环、光波、光线，形态各异，令人目不暇接。在海上航行的舰船，会激起海“火”四溅，船越快，“火”越旺，船尾还拖着一条长长的“火”龙。据此既可以发现敌舰的行踪，又会将自己舰艇的活动暴露给敌人，这是早已令海军将领们大伤脑筋的事。即使浅水荡舟，也会一橹旋出一个“火球”，一棹拨出一朵“火花”。若把手伸进海里触摸一下这神奇的海火，会双手捧起一堆“火”，越洗“火”越旺。若沐浴大海，出水后犹如“火人”，会留下一身抖不掉的“火”，若在海滩上漫步，身后会留下一串闪光的脚印。

海　火

按照海洋发光的成因和特征，有人把它分成三种类型：一是弥漫型，海面呈一片白光，主要是发光细菌产生的；二是火花型，是小型发光生物受刺激产生的；三是闪光型，发光是阵发的，由较大的发光生物产生的。

小小发光者

对于如此绚丽的海火，我国古书上早有记载。过去人们对此一直困惑不解。直到20世纪初，人们才解开这海火之谜。原来这放“火”者竟是一些海洋生物。能发光的海洋生物很多，从发光细菌、藻类、鞭毛虫、海蜇、甲壳类动物到一些鱼类，几乎各主要类群都有一些能发光的成员，无论分布于海洋上层、中层或底层的生物都有，尤其深海鱼、深海乌贼、深海甲壳动物最能发光。海洋发光细菌多见于热带和温带海洋中。搅动海水产生的海火，有一些就是发光细菌发出的光。细菌体内有两种与发光有关的物质，一是荧光素，一是荧光素酶。有了氧气，荧光素酶促进荧光素氧化就发出光来。细菌虽小但发出来的光却很强。若用离心机沉淀出0.2克发光细菌，再用1万倍海水稀释，发出的光能供离光源1米处的人阅读书报。

拓展思考

萤光素酶

萤光素酶（英文名称：Luciferase）是自然界中能够产生生物萤光的酶的统称，其中最有代表性的是一种学名为Photinus pyrali′的萤火虫体内的萤光素酶。在相应化学反应中，萤光的产生是来自于萤光素的氧化，有些情况下反应体系中也包括三磷酸腺苷（ATP）。没有萤光素酶的情况下，萤光素与氧气反应的速率非常慢，而钙离子的存在常常可以进一步加速反应（与肌肉收缩的情况相似）。

科学家们对发光细菌进行人工培养，即用透明瓶子盛入1升水，加入3%食盐，1%的胃液素和0.5%的甘油，将乌贼身上的发光细菌放入，培养两三天后即能发出相当于40支烛光的柔和的青白色光，只要氧气供应充足，光亮可以几个月不变。海洋发光细菌除独立生活于海水中者外，还有的是以寄生、共生或腐生的方式，栖于鱼、虾、贝、藻类体上，使其能发光也成为发光生物。由于发光细菌的腐生，人们买来的鱼、贝、乌贼等海产品，一时未来得及下锅，其新鲜度欠佳，夜间往往会像自燃一样发出幽幽的荧光，使人困惑甚至有时难免有些紧张。发光细菌的腐生会使鱼虾等腐败变质，有些无脊椎动物如小虾等被发光细菌感染也会发光致病、死亡，但它不能感染温血动物，所以人吃了洒有发光细菌的培养液的肉并无任何患病效应。

另一类产生海火的生物是数量很多、肉眼难以看清的浮游生物，如腰鞭毛虫和夜光藻、膝沟藻、梨甲藻等单细胞藻类。它们都是细胞内发光。无论航船犁破海面，或风吹浪卷使海水受到搅动，甚至海水化学或压力的变化等，都会刺激它们发出幽幽的蓝绿色光。当它们数量多时，在热带、亚热带海面上，常使海水呈乳白色，甚至船上用海水冲洗厕所，也会使它们发出耀眼的光。据报道，19世纪初，荷兰人在新几内亚建立殖民地，夜间常遭当地人袭击，站岗的士兵常会发现海滩上有一串闪光的脚印，这使他们非常惊慌，以为袭击者是海妖。一天夜里一个荷兰人去海边检查船只，身后就留下闪光的脚印，当局以为他就是私通海妖的内奸，于是派人跟踪，以便取证处死他。结果发现跟踪的人身后也有发光的脚印，不论谁夜间在海滩上走都会留下发光的脚印，终于解除了怀疑。经研究知道，由于上述单细胞藻类被海水冲上沙滩，留在潮湿的沙子里，当人在沙滩上行走踩上沙子时，就会使它们发光，形成发光的脚印。

趣味点击　浮游生物

浮游生物（plankton），在海洋、湖泊及河川等水域的生物中，自身完全没有移动能力，或者有也非常弱，因而不能逆水流而动，而是浮在水面生活，这类生物总称为浮游生物。这是根据其生活方式的类型而划定的一种生态群。而不是生物种的划分概念。

旋转的光环

当年哥伦布第一次接近北美海岸时，报告说发现“烛光在海里游动”。后来生物学家推断，哥伦布所看到的是多毛类蠕虫的交配仪式。这种小型底栖多毛类蠕虫每年在盛夏之夜，月圆星高之时，连续几天夜间游到水面，像结婚大典一样，举行繁殖盛会。雌的纷纷跳起转圈舞，形成一个个绿色的旋转的光环。雄性也纷纷一闪一闪地发着光向光环处游去。雌雄相会后分别释放出卵子和精子，在水里受精，繁殖仪式渐趋结束。显然光对这种动物的繁殖起着重要的作用。

再一类发光浮游生物是小型甲壳动物，即体长 2 ~ 4 厘米的磷虾，它的学名就来自一个希腊词，意思是真正闪光。它的胸部、腹部和靠近眼处有几个方向朝下的发光器，能发出蓝色的光。

有一种游泳虾叫樱虾，全身有 150 多个发光器。所有发光器可以像打开电门一样，突然一下子都亮起来，也可以突然都熄灭，也可以由前而后从头到尾像霓虹灯一样，一个接一个地亮起来。前一个闪一两秒钟后刚熄灭，后一个发光器马上亮起来。光呈绿黄色，非常漂亮。平时也可以只保持少数的特别是眼附近的发光器发光。科学家发现有发光器的种类比没有发光器的种类的眼特别大，表明发光器通过对眼的影响而对它的生活，如捕食、同类相识、保持群居及繁殖成功有很大作用。

乌贼的光云

头足类动物中，至今尚未发现发光的深海章鱼，但能发光的乌贼却很多，特别是深海乌贼更明显。如深海萤乌贼，长仅 10 厘米左右，全身有数百个发光器，眼周围有几个大型发光器。每个发光器上覆盖着一层色素膜，就像窗帘一样。膜能活动，发光时膜移开，光射出来就像透过窗帘的小孔射入的一束阳光，明亮耀眼，光消失后膜又将它覆盖起来。每年3—6月份，它们游到上层，在夜间交配活动中，能发出耀眼的白光。还有些深海乌贼和一些游泳虾类，在口周围有一种特殊的腺体，能分泌黏液物质，这种物质一接触海水就发出火花，形成一片光云。当遭到凶猛动物追捕，眼看就要追上时，它就会像神话中喷火的火神一样喷出黏液，立即形成一片光云，会使敌人大吃一惊。正当敌人在光云中不知所措之际，乌贼却趁机溜之大吉了，这和浅海乌贼从墨囊中放出墨汁迷惑敌人的方法很相似。

萤乌贼

多数乌贼的发光器是在神经直接控制之下活动，能开能闭，发出的光能强能弱；某些群栖深海乌贼用发光保持同类间的接触，夜间游到表层捕食的种，发光器能产生逆光或消光效应。

知识小链接

腺　体

腺体，指动物机体能够产生特殊物质的组织，这种物质主要为激素（荷尔蒙），激素通过血液输送到体内或外分泌腺。“腺体”的归类方式很多，可以依照组织所在部位、功能（作用）划分，解剖学和生理学上归类不完全相同。

精巧的发光器

硬骨鱼类中能发光的种类最多，从中、下层已捕获的鱼类中，有五分之四的种类有发光器，因此有人估计深海鱼至少有三分之二以上甚至十分之九的种类能发光。如灯笼鱼科、巨口鱼科、星光鱼科、柔骨鱼科、角鮟鱇科、黑巨嘴鱼科等42科的鱼类中有发光成员。发光器的结构也很复杂，如巨口鱼的腹部发光器，大都成杯状，底部是一层黑色的色素膜，再上是银色反光层，杯内容纳发光腺细胞团，上方是滤色器和一个胶质聚焦晶体。当它发光时，每个发光器都通过晶体聚焦射出一个淡绿黄色光束，使光具有方向性。还有一个扇形光区，这显然是银色反射层反射而出的。

灯笼鱼

发光器的数量很多，巨口鱼体上有100～500个发光器，而黑巨口鱼和星衫鱼还要多，达数千个。它们大大小小、星罗棋布，从小如针尖的发光组织遍布于全身甚至鳍上，到大型的沿腹面成行排列的杯形发光器，眼下和颊部还有更大一些的腺细胞发光。有些鱼如灯笼鱼的发光器上有神经分布，表明它由神经控制；另一些鱼的发光器没有神经分布，但所有发光器都有血液供应，因此这些鱼的发光器可能是由激素通过血液控制的。例如给黑巨口鱼注射肾上腺素，10分钟后所有发光器都发光。鱼类发光器发出的光颜色也不一样，有紫色、橘黄色、黄色、淡黄绿色或蓝绿色等，并常常时断时续，像一系列星光闪烁。

基本小知识

肾上腺素

肾上腺素（adrenaline，epinephrine，AD）是肾上腺髓质的主要激素，其生物合成主要是在髓质铬细胞中首先形成去甲肾上腺素，然后进一步经苯乙胺－N－甲基转移酶（phenylethanolamine N－methyl transferase，PNMT）的作用，使去甲肾上腺素甲基化形成肾上腺素。肾上腺素旧称“副肾上腺素”，一般作用是使心脏收缩力上升；心脏、肝、和筋骨的血管扩张和皮肤、粘膜的血管收缩。在药物上，肾上腺素在心脏停止时用来刺激心脏，或是哮喘时扩张气管。

发光诱捕食物

发光器的妙用之一是充作拟饵，诱捕食物。许多生物都有趋光习性。若在船舷旁把一只电灯放入水中，不久就会发现许多小鱼小虾、乌贼甚至还有鲨鱼都会纷纷而来，在灯光周围游动捕食。渔业上的灯光诱鱼捕鱼方法就是利用鱼的这一习性而设计的。葡萄牙的渔民很早就知道利用发光生物钓鱼。他们将一片鱼肉在长尾鳕腹部摩擦一下，因为这种鱼的肛门附近有一个腺体，会放出大量发光细菌，发出天蓝色的光，涂在鱼肉上可以发光几个小时，作为诱饵，可以引鱼上钩。印度尼西亚班达群岛的渔民夜间钓鱼则利用从上层发光鱼灯鲈鱼眼下方分离出的发光器做钓饵。许多深海鱼类却早就有这种本领了。如角鮟鱇有长长的触须，触须的末端往往有一个发光器，像一盏小小的灯笼，忽明忽暗，触须朝前伸着，且慢慢来回活动，看起来宛如一只游动的小动物。有些贪吃而又缺乏经验的捕食者以为是可口的美餐，兴致勃勃地朝发光器游来，当它游近到一定距离，角鮟鱇的侧线就能探测得出，立即将触须回收且突然张开大口，当游近的小动物发现上当时，刚想逃脱，为时已晚。张开的大口一下子将其吞下肚去，贪吃者反而被吃掉。

发光器不仅鱼体表面有，有的还装饰在嘴里、眼里，同样对猎物有吸引作用。如鲑鱼和一些巨口鱼，有350个发光器，绝大多数装饰在口腔的顶壁和口底及眼球内面，发出的光可把满嘴照得通亮，当鲑鱼张开大口时，附近的甲壳类和小鱼纷纷向这明亮的开口处游去。鲑鱼为了呼吸而吞入的水流又加速了它们的进入，这种捕食就和呼吸一样容易。

发光隐身术

发光器还被用来迷惑敌人，保护自己。所谓敌人，既包括捕食者，也包括被捕食的对象。许多鱼如灯笼鱼的发光器多位于身体腹面。当它们夜间游到上层捕食浮游生物时，明亮的月光洒在海面上，若从下方往上看，海水有些发亮。一只不发光的鱼在月亮照射的海面背景上能很清楚地显示出它的黑色轮廓，很容易被其下方的捕食者所发现，凭敏锐的视觉对其攻击。鱼腹面的发光器一发光，就使自己和月光照射下的上部水色相一致，从而消除了本身的黑色轮廓，就不易被捕食者发现。这种效应称作消光效应。除鱼类外，乌贼及一些游泳虾类腹面的发光器都有这种效应。

许多灯笼鱼尾部的发光器也主要用来逃避捕食者。当被凶猛捕食者追捕或它本身发现有什么不祥之兆时，就用尾部发光器发出明亮的闪光，往往会使捕食者大吃一惊，当敌人迷惑不解地把注意力集中在闪光点上时，给了被捕食者一个逃跑的机会，趁机加速游开了。

事物往往是这样的，有矛就有盾。一些鱼可以通过消光效应而逃避捕食者，而另一些鱼则可以利用这种效应捕获食物。最典型的要算星光鱼。它一方面利用本身腹面的发光器产生消光效应，逃避捕食者，同时还有一双特殊的眼睛能识别出正在消光的鱼。星光鱼的眼方向是朝上的，眼里有一个黄色晶体，这实际上是一种滤光器，能将光波范围很宽的背景光过滤掉，识别出光波范围狭窄的有特殊颜色的生物光。当星光鱼向上方观察月光照耀下的海水时，一眼就能识别出正在用发光器消光的潜在猎物。这实际上正好利用了猎物的防御机制来捕获猎物。

借光照明

从印度尼西亚附近海域到红海出产一种小鱼，长仅 7～8 厘米，叫光睑鲷。它的发光器在发光生物中是最大的一种，发的光也是最亮的一种。然而它发生的蓝绿色光并非鱼本身腺细胞所产生，而是寄生在发光器里的上百亿个细菌产生的。这种细菌体内同样有荧光素，和氧结合就产生化学反应，形成氧化荧光素，以光的形式把这种化学能释放出来，就发出了光。对细菌来说，光实际上是它新陈代谢的副产品。细菌发光时所需的氧气和养料都由鱼的血液提供。细菌寄生在一个特殊的囊内，里面衬以深色的色素膜，防止发出的光晃眼，对眼有刺激作用。否则一发光，光睑鲷的眼就什么也看不见了。光虽然是由细菌发出的，但发光的控制权却归光睑鲷所有。因为光睑鲷有一个皮褶覆盖在发光器上。这是一个发光的控制机构，就像人的眼皮一样，闭上眼光就进不了眼，什么东西也看不见，睁开眼就能看得见。皮褶将发光器盖起来，它就发不出光来，皮褶移开就会发出光，就像电灯开关一样控制着发光器的启闭。这种鱼在白天多隐于珊瑚礁中。当夜幕降临之后，三五成群或聚成数十条多至一二百条的大群游近水面，打开发光器，借用细菌发出的光引诱小型浮游生物前来，加以吞食。但光不仅能引来食物，也会引来捕食者。当一个潜在的猎手趋光而来时，这种鱼就采取“关灯和快跑”的特殊策略应付之。即它先是发着光朝某一方向游，当捕食者追来时，它就把发光器一关，立即掉头朝另一个方向快速游开。每十条光睑鲷在 1 分钟内可以重复表演这种“关灯快跑”的行为 75 次之多，若数条或数十条光睑鲷同时反复表演这种“关灯快跑”的动作，就会使捕食者感到眼花缭乱，不知所措，光睑鲷就可趁机逃脱。

悬灯夜航

发光器发出的光亦可以照亮视野，用其发现和准确地捕获食物。许多肉食性鱼如星衫鱼、黑巨口鱼和柔骨鱼类等，眼后都有一个大的发光器官，可以朝前发出一束强弱不同的蓝色光束，照亮半米以内的物体。鱼的两眼视野在前方有一部分相重合，形成立体视野，朝前的光就能照亮该视野。黑巨口鱼等在眼后颊部也有发光器，发光时也是朝前照亮每只眼的视野，当鱼有规律地呼吸时，口张大颊部发光器向外移，朝前发出的光刚好集中在头前方视野内。躯干部的发光器，在星衫鱼沿腹侧排有4行，灯笼鱼类腹侧仅2行，发出的光方向斜朝外和下方，正好照亮沿腹侧的下部视野。对这些鱼类来说，发光器就像手电筒一样，可以帮它看路、捕食。

广角镜

星衫鱼

星衫鱼：例如：墨绿星衫鱼 A. cyaneys (Brauer)；Darkbluesnaggletooth 又称为绿食星鱼。鱼类 > 硬骨鱼纲 > 鲑形目 > 星衫鱼科 > 星衫鱼属 > 墨绿星衫鱼（绿食星鱼）体细长，侧扁。头中等大。吻圆钝。下颌稍突出于上颌。两颌排列着数枚犬状的牙，上颌骨牙朝向后方密集的排列。下颌下面有须。雄性鱼的须长与头长等长，雌性鱼须仅留痕迹。背鳍在臀鳍的前上方。脂鳍位于臀鳍基后上方。偶鳍较长。尾鳍后缘分叉。体无鳞。背鳍 17～21，臀鳍 13～15，胸鳍 8，腹鳍 7。体长为体高 5.2～5.5 倍，为头长 3.7～3.9 倍。

深海鱼发光器的数量、位置、大小、排列形式各种鱼间甚至同一种鱼的雌雄之间互不相同，就像浅海鱼的体色花纹一样有着重要的生物学意义。

深海发光鱼

当它发光时，同类一眼就能认得出，发光活动可能作为一个刺激信号召唤同伴集群，特别在繁殖季节更有特殊意义。有的科学家在完全黑暗的房间里，根据发光信号一眼就能识别出都有什么鱼，有多少条，有几条鱼在游动时。通过侧面的发光器总发光，可以使鱼群的每个成员保持联络，也可为离群成员指示安全之路。

知识小链接

黑巨口鱼

黑巨口鱼属于巨口鱼目。尽管这种鱼不大，但它是一种凶恶的捕食者。和深海鮟鱇一样，它有一个大头，并以大量又长又尖的獠牙武装，和深海鮟鱇同样相似的是它也有一个发光器钓饵，区别只是它的发光器不是长在头背，而是长在下颌。

栖所：海洋发光鱼类，生活于大洋中层或底层。栖息深度的在 100 ~ 1050 米间。有些种类具垂直洄游习性，白天在深水域，夜晚则游至表层觅食。利用发光器诱捕获物或吸引异性，或具颏须之种类亦可利用其诱捕获物。

冷光用处大

生物发出的光是相对较强的。长腹镖水蚤发的光能让人用来在轮船甲板上读报。第二次世界大战期间，日本人将萤乌贼干品洒上海水，让它发光，利用这种光阅读军事资料。

渔民利用海火寻找鱼群，识别暗礁、浅滩、沙洲和冰山等。渔网的发光效应会影响捕鱼量，对有些鱼设计能见度低的网，而另一些鱼则喜欢渔网上附有发光生物，区别对待就会提高渔获量。人们根据海火的强弱来判断海洋生物的多寡，以确定海水的肥瘦，选择合适场地建立海上牧场，开展水产养殖。

人们还利用发光细菌研究植物的光合作用，测定叶绿素释放的氧气量，用来监测环境污染等。

在军事上，发光生物常引起军方的误会。如 1967 年阿以战争期间，以色列士兵晚上发现珊瑚礁那边有绿色荧光，误以为阿拉伯蛙人登陆，当即发起攻击，扔了一阵手榴弹后，却发现空无一人，只有一些被炸死的仍在发着光的黑色小鱼。潜艇之间及潜艇与卫星之间的激光通讯所用波长与海洋生物所发的光相似，因此很容易受到干扰。潜艇后方所拖的发光尾迹也容易暴露目标。由于生物发光不产生电流，因此不会产生磁场，人们可以利用这种光照明来消除磁性水雷等。

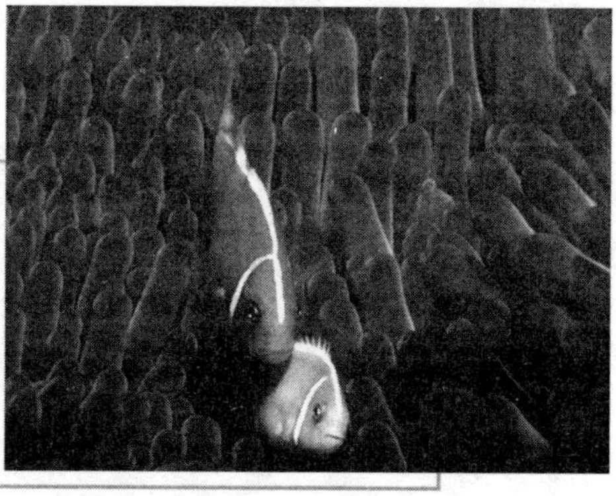

深海发光鱼

生物发的光都是冷光，没有热辐射，所以效率高。而日常用的电灯，只有很少一部分电能转化成光能，70% 以上的电能都作为热能而白白浪费了，所以效率低。研究生物发光，用以改进人造光，将会节省大量能源。利用海火为人类造福，也是科学家研究的课题之一。

碧海蓝天海鸟飞

在一望无垠的大海上，总有海鸟在天空翱翔，时而划过水面，时而展翅高飞。有时是一只，有时是几只排成 V 形，这里都是有秘密的哦。各种海鸟戏波涛游泳潜水，展双翅鹏程万里，我们在本章中将认识各种海鸟。

熙攘攘百鸟临海

鹱形目共 4 科约 98 种，其中包括信天翁科 13 种，海燕科 21 种，鹈燕科 4 种，鹱科 60 种，多是些真正的大洋性海鸟，飞翔能力很强。有些种体魄很大，也有些种较小，如雪海燕，全身白色，像一只鸽子，但它不畏南极的狂风，在风速每小时 60 海里的暴风天气，它们仍能飞得轻松自如。信天翁以强劲的体魄和惊人的飞翔能力而著称于世；它不惧严寒，那冰冷的南极似乎是它们的乐园。13 种信天翁中就有 9 种生活于寒冷的南极水域中，3 种分布于北太平洋，仅 1 种虽栖于赤道附近，但却在秘鲁海流的冷水域摄食。

拓展阅读

海　鸟

海鸟是一种能够适应海洋气候环境的鸟类，而无论于生活习惯、处事态度、生理运行等皆与其他鸟类大有不同。其有着强烈的趋同演化，因此所有海鸟的生态职位均十分类似。而海鸟这一物种最初出现于白垩纪之时，距今有近亿年，但是与现代海鸟之关系并不大。若果论及现代海鸟之远祖，则可以追溯至古近纪时，而亦已有数千万年。

信天翁

信天翁伸展狭长的双翅足有 4.2 米长，1 米多长的身体披着洁白的羽毛，显得英姿飒爽。信天翁是最大的能飞翔的海鸟，像巨型飞机一样可以做环绕地球飞行。有人从澳大利亚西岸发现一只从克罗泽岛飞来的信天翁，其间相距 4.8 万千米，每天平均向东飞近96千米。有的信天翁能在12天内飞行3000海里，平均每天飞行250海里。更有甚者，有的信天翁1小时之内飞行60海里。信天翁可以在1年内绕南极飞行数次。它们常是在海上度过4—5个春秋之后，才返回生身故乡去生儿育女。

海　鸥

但信天翁降落水面或地面后，再起飞就有些困难。所以若有船朝水面漂游的信天翁驶去，信天翁宁可迅速游开而不能立即飞走。若把它抓来放在甲板上，它就会束手无策，来回徘徊。它在海里起飞时需借海浪的推动，在陆上起飞，有风时常是吃力地起跑30～40米才能飞起来。若在海岸的陡坡上，常是先展双翼，利用海风，跑上几步后才悠然地翩翩而起。

鸻形目是一群较为复杂多样的海鸟。它们对海洋的依赖程度各不相同，有的觅食近岸，有的偶尔涉足大海，有的只是季节性访问海洋，有的基本不以海产品为食。鸻形目共约117种，其中海鸥科45种，燕鸥科42种，贼鸥科5种，尖嘴鸥科3种，海雀科22种。

海鸥科种类很多，彼此大致相似，只是体色、大小等略有不同。在港口、河流、湖泊、河口、海岸很常见，人们也最为熟悉。北半球的种多于南半球，它们都不在中太平洋繁殖，反映出它们喜温带水域。腿中长，位于体中部，陆上行动方便。翅尖长，适于滑翔，着陆起飞都很方便。

鹈形目共54种，其中鹲科3种，鹈鹕科8种，鲣鸟科9种，鸬鹚科29种，军舰鸟5种。鹈鹕以喙特大而著称，长达半米，下半部悬挂着一个很大且有弹性的黄色喉囊，里面可以盛6升水。它有着洁白的羽毛，2米长的宽大翅膀，10多千克重的笨拙身躯，飞翔姿态优美。鸬鹚则是体长脖子长，还是能潜水10米深的捕鱼能手，常被人养殖作鱼鹰帮人捕鱼。军舰鸟虽称作海

企　鹅

鸟，但久在海面飞，从来不湿毛，因它从不下水捕鱼，而是靠高超的飞翔能力在海洋上空从别的海鸟口中夺取食物，以拦路打劫为生。鲣鸟能从 60 ~ 100 米的高空像炮弹一样直插水中，它也是潜水能手，能下潜 30 ~ 40 米深。我国美丽的西沙群岛上有一种红脚鲣鸟，数量很多，在海滩上、在 10 多米高的避霜花树上到处可见。清晨它们飞向大海捕食，晚上返回岛上休息。迷航的渔民看着红脚鲣鸟就能找到西沙群岛，所以称它是导航鸟。红脚鲣鸟的生命力极强，不吃不喝能活半个月；它们每年可以繁殖 3 次。

企鹅是自然界最令人喜爱的动物之一，以它人格化的站立姿态，绅士燕尾服似的体色，摇头摆尾的动作，温文尔雅的举止，傲霜斗雪的本领，争强好斗的习性，游泳潜水的能力及养育子女的艰辛，像滑稽而笨拙的小人国公民，使人感到亲切可爱，兴趣盎然。在 17 种企鹅中，有两种是真正的南极种，即帝企鹅和阿德利企鹅，它们生活在世界上最寒冷的区域，甚至成为南极的象征。有 5 种是亚南极种，6 种分布于南温带，4 种属于亚热带种。其中最大的要算帝企鹅，体

拓展阅读

红脚鲣鸟

红脚鲣鸟是典型的热带海洋鸟类，主要栖息于热带海洋中的岛屿、海岸和海面上。飞翔能力极强，也善于游泳和潜水，在陆地上行走也很有力。栖息时大多在岛屿的灌丛间或乔木枝上，将头部缩在两肩之间。因为脚较为短小，所以在海滩或礁岩上行走时显得笨拙而有趣。在夜间，它有较强的趋光性，所以有时会被灯光引诱到轮船的甲板上或者岛上居民的花园里。

长有122厘米，重23～45千克；最小的是小鳍脚企鹅，体长只有40厘米。最美的是冠企鹅，头上长着美丽的黄色羽冠，犹如京剧演员头上戴的锦鸡翎。它们大部分以虾为食。尽管在陆上它们行动蹒跚，但一到水里便宛如一条活蹦乱跳的鱼；动作敏捷，游泳迅速。

戏波涛游泳潜水

海洋是与陆地完全不同的环境，海鸟必须有一系列的本领才能生活于海洋。

水下捕食，海鸟必须首先能看到它的猎物，因此它的眼睛必须适于观察水下目标。人若不戴护目镜在水下看到的物体只是些模糊的和相对无色的图像。因为角膜的折光率低，眼浸入水中后透过晶体进入眼的光，在视网膜之后聚焦成像，人的眼在水下就变成远视，看东西就不清晰。鸬鹚是靠肌肉的有力调节，把晶体挤得突出，使前后轴增加，将图像向前推移到视网膜上。企鹅的角膜几乎是扁平的，全靠晶体调节聚焦，在空气中它的眼有些近视，潜水后聚焦的面后移至视网膜上。

由于水是致密的介质，水中运动阻力大，如何减少游泳的阻力，是提高运动速度的关键。动物在水中游泳时，贴近体表面的一层流体，如果保持与体表平行的层流状态阻力就小，若成漩涡状阻力就大。企鹅潜游水下追捕猎物时，头后缩，脚紧贴身体，体呈延长的椭圆形，最大体围在体前三分之一处，几乎成理想的流线型，所以运动中受到

海鸬鹚

海　鸥

的阻力最小。多数海鸟在水下是用前肢即翅膀翔游前进的，淡水鸟多用脚游泳。海鸟的尾脂腺发达，像鸭子一样，虽浸于水，但羽毛不吸水，既保暖，又便于随时飞翔。几乎所有海鸟的腿位置都靠后，脚呈蹼状，既适于游泳，又有助于捕食。各种海鸟潜水深度互不相同，大部分可以潜到 3～4 米，有的潜 10 余米或更深，能持续 1—2 分钟或 3—4 分钟。海鸥能潜深 89 米；南极企鹅可潜深 80 米；帝企鹅潜深 265 米，持续 18 分钟。海鸟在水下的游速一般是每秒不超过 1 米。有些海鸟如鸬鹚的身体密度较重，是 0. 97，所以潜水时毫不费力；而另一些海鸟如海鸥等的密度较小，是 0. 59，潜水困难，它们必须从空中利用身体降落时的冲力潜入水中。

知识小链接

尾脂腺

尾脂腺是鸟类的一种皮肤衍生物，为羽尾基背部的皮下，是一种全泌腺。

禽类经常用喙将尾脂腺分泌物涂抹在羽毛上，使羽毛光润、防水。

作用：尾脂腺的分泌物主要是一种能被苏木精染色的颗粒，一般鸟类用喙啄取将其涂抹在羽毛及角质鳞片上，起到保护的作用。有些鸟的尾脂腺分泌物中含有维生素 D 的前体麦角甾醇，涂抹于全身后经日照转变为维生素 D，鸟再次梳理时可将其吞下，得以吸收。

有些海鸟如部分企鹅在南极大陆繁殖，那里的气温最低达 -70℃，海水温度也很低，而且导热性能好，海鸟的体温很容易向水里散失。如何抵御严寒，防止体热散失，对海鸟生存是至关重要的。企鹅皮下有一层很厚的脂肪层，如帝企鹅的这种脂肪层占体重的三分之一，它是热量的不良导体，不仅像外套一样起保温作用，而且也是贮存能量的良好场所。羽毛对保温起着至关重要的作用，如帝企鹅每平方厘米有 18 根羽毛，它在体表网络了一层空气，形成了一个绝热层，其保温效果的 84% 是羽毛取得的。保暖固然重要，降温也很要紧，如果因为剧烈运动或由于气温太高而使体温过热，也会像过冷一样有致命危险，因此，也必须尽快排除，此时它们一般都把羽毛竖起来，使贴近体表的那层绝热空气层被破坏，以利散热。海鸟的面部、脚上的裸区也有热辐射器的作用。若体温升高超过正常水平，这些裸区就会充血，把体内过剩热量尽快释放出去。翅膀在体温调节上也有很大作用，冷时紧贴身体，减少身体和冷空气的接触面积，减少散热；热时把翅膀抬离身体，以加速散热。

有些大洋性海鸟，平时可以飞离陆地几百千米甚至几千千米，常年在海上生活，到了生殖季节，能准确无误地找到它原来的老巢，即使这个生殖基地仅仅是海里的一个小岛。这是动物航行的最大奇迹。有人做过一个实验，把一只海鸟装在笼子里，从英国某个岛上启程，穿过整个北大西洋运到北美，其间始终把它关在笼子里，使它见不到途中的任何东西，结果是把它释放后不到两周，就又回到它的老巢了。还有人做过一些类似的实验，距离大致与上述实验相同，但地点和方向不同，分别从日本、华盛顿、阿拉斯加启程，运到中途岛，都得到了相同的结果。还有人用企鹅做实验，在南极威尔克斯站捕了 5 只未能成功繁殖的阿德利企鹅，装上飞机运到麦克默多海峡，全部释放，这里距它们的巢有 3800 千米，10 个月后，至少有 3 只又回到了原来捕获它们的地方，平均每天至少要旅行 13 千

企　鹅

米。人们发现不管将企鹅在哪里释放，也不论其巢在何处，企鹅总是遵循一个固定的方向启程，表明它们有能力正确估计自己的境遇。

科学家发现，企鹅是靠太阳做它的导航指标的。因为阴天时它们总是无一定方向地乱走，或就地打转，或干脆就地打盹睡觉，太阳一出来它们即可恢复正确的方向。有人推测，鸟对偏振光可能很敏感，而世界各地偏振光的反射角是不同的，鸟就是依靠自己和太阳所处的位置不同而导航的。还有人认为鸟能感受地球磁场磁通量方位，把它当作罗盘使用。鸟还能测出地磁的强度、倾斜角（即鸟与地平线所处的角度）和磁偏角（即磁场北方和地理北方之间的角度），把它们当地图使用。也就是说鸟类有一种内部磁性罗盘，用以在飞行中定向和导航。

广角镜

偏振光

偏振光，光学名词。光是一种电磁波，电磁波是横波。而振动方向和光波前进方向构成的平面叫做振动面，光的振动面只限于某一固定方向的，叫做平面偏振光或线偏振光。光的偏振性是光的横波性的最直接，最有力的证据，光的偏振现象可以借助于实验装置进行观察，p1、p2 是两块同样的偏振片。

基本小知识

地球磁场

地球磁场是偶极型的，近似于把一个磁铁棒放到地球中心，使它的北极大体上对着南极而产生的磁场形状，但并不与地理上的南北极重合，存在磁偏角。当然，地球中心并没有磁铁棒，而是通过电流在导电液体核中流动的发电机效应产生磁场。

多数海鸟的体色比较单调，既无孔雀的美丽华贵，又无山雉的娇艳迷人，这也是一种适应。它们的羽毛上最常见的深色素是黑色素，它能抵御阳光照射，防止紫外线对羽毛和皮肤的损伤。深色易吸收可见光，并作为热能辐射出去。按格鲁格法则，栖于高湿度地区的动物比干燥区的相似动物颜色深，这有利于辐射过剩热量，因为湿度高，难以蒸发散热。当然深色也能大量吸收光能，增高体温，但高湿度多与阴天和多云天气相关联，所以还是更利于散热。淡色在寒冷区域如南北极有利于保存体热。海鸟的体色大致有三种类型：一是体上部中到淡灰，下部白色。这被称作“消阴型”，因为从上往下看，水色是深的，体上部的灰色和水色很一致；而从下往上看，上层水色是淡的，体下部的白色和水的颜色融会在一起，既不易被捕食者发现，也不易被其猎物察觉，是很好的伪装色。所以全世界的海军舰艇也多涂成灰色。二是上部深褐到黑色，下部淡色，和上述的性质和作用类似。三是全身深褐到黑色，除防阳光照射和防损伤外，对在深色环境中休息和在深色海岸取食的鸟来说，有更大的伪装价值。所以许多雏鸟和未成熟鸟毛色比其成鸟深。对那些在夜间借月光或星光活动的鸟来说，有更大的伪装意义。在南北极白色环境中的鸟全身多为白色，这既有保护价值，又有热调节的作用。

军舰鸟

展双翅鹏程万里

海鸟是地球上最后一大群冒险家，它们凭自己的飞翔本领，似天马行空，随心所欲地活动。的确，飞翔使鸟获得许多比其他陆生动物优越之处。鸟的活动范围大，蓝天任其飞，大地任其走。对海鸟来说，还有大海任其游，把

小军舰鸟

判断一种鸟的飞翔能力高低，一个重要指标就是单位体重的翅膀面积。鸟在滑翔中较大的翅膀可以使它在降低同样高度过程中，滑翔较长的距离。但随着翅膀面积的增大，它的强度就会降低，在空气中的摩擦力就会增加。所以不能无限增大。影响滑翔效率的另一个指标是翅膀的形状，长而窄者比短而宽者好，信天翁和军舰鸟是最优秀的滑翔能手，它们的翅膀也是典型的代表。如一只军舰鸟体重不过 1 ~ 1.5 千克，翅膀展宽 2 米多，羽毛的重量比它的骨骼还重，整个身体似乎专为滑翔而设计的。

但飞翔只是一种运动方式，对鸟来说更为重要的是捕获食海陆空联系在一起，哪里有食物就到哪里去。一些鸟常做长距离迁徙，因而它们消耗的能量相对较低，接近猎物的效率高，逃避敌害的速度快。长距离迁徙，也使鸟能很好地应付剧烈的季节变化。

鸟的飞翔方式大致有三种：一是上下垂直扇动翅膀；二是所谓直升机式的飞行方式；三是空中翱翔，双翼不振，一任强风吹送，长时间在空中徘徊。

拓展阅读

信天翁

信天翁属于鹱形目、信天翁科，共 4 属 21 种。它们分别分布在从约南纬 25°至流冰群岛的南半球海域，并利用该区域内的岛屿进行繁殖。

最著名的信天翁有：黑眉信天翁，翅展约 230cm，于远离北大西洋海岸外漂游，有黑色的眼纹。黑脚信天翁，翅展约 200cm，大部分为灰褐色，营巢于热带太平洋岛屿。皇家信天翁，翅展约 315cm，成鸟羽毛大多为白色，外侧翅上覆羽黑色，繁殖于新西兰附近岛屿及南美最南端。

物。许多海鸟如小鹱、灰剪水鹱等还必须潜水、游泳，用翅膀在水下推动自己前进。在水下游泳，翅膀与体重相比，以较小的翅膀为好，如海雀和鹈燕的这个比例最小，所以也最适于潜水。

黑眉信天翁

就整体而言，一只鸟的结构朝着满足两种需要上发展，即增加飞翔力量和减轻体重。鸟的大小也受飞翔这一运动方式的限制，按着物理法则，体重超过15 千克翅膀在空中就支撑不住，鸟就要掉下来，所以有些较大的海鸟如信天翁不得不靠滑翔来节省能量。但无论如何能飞翔的鸟体重不能超过 15 千克，所以有些海鸟因迷恋大海索性放弃了飞行，身体大小也不受限制了。企鹅就是最好的例子，如帝企鹅可以重达 45 千克。5000 万年前有一种企鹅站起来高 1.5 米，几乎像人一样高。体重超过 15 千克的海鸟，很难既用翅膀空中飞翔，又用翅膀在水下划水游泳。

尾巴的形状和长度对飞行也有很大影响。一般来说，长尾对飞行、起飞和着陆都有利，如军舰鸟和许多海鸥具深叉形长尾，可以不同程度地展开上下摆动，产生强有力的力量。但对潜水和游泳的鸟来说，尾的作用就不像在空中那么重要，它们趋于有相对较短的尾。楔形尾有利于鸟迅速升高和下降。鹲和贼鸥尾中部具延长的飘带，鲣鸟和鹈的尾是尖的，可能有利于它们高速潜入水中时减少阻力。许多海鸟的尾呈浅叉形、

信天翁

方形、圆形或楔形，表明这些鸟的运动有较小的特化。

基本小知识

贼鸥

贼鸥，是典型的海洋鸟类。它们有时也会远离海洋，但是大部分时间里它们都是在开阔海面上渡过的。在筑巢期里，抢夺其他海鸟食物的贼鸥甚至会占据其他海鸟精心营造的巢。贼鸥的种类只有5种。其中，大贼鸥是分布较广泛的一种。

生活习性：在南极海鸥中有一种褐色海鸥叫贼鸥，听其名，就会知道它大概不是什么好东西，有人把它称为空中强盗，一点也不过分。尽管它的长相并不十分难看，褐色洁净的羽毛，黑得发亮的粗嘴喙，目光炯炯有神的、圆眼睛，但其惯于偷盗抢劫，给人一种讨厌之感。

信天翁喜欢生活在大海远洋里，终年以海为家。它们常舒展双翅，在大洋上空巧妙地驾驭长风进行滑翔。有时在低空随着气流的上下，身体一会儿左倾，一会儿右斜，宛如滑翔机，在做矫健的飞翔。在飞翔中只要把脚放下去，展开或闭合脚蹼，就可以像舵一样自如地改变飞行方向。信天翁是鸟类中杰出的滑翔冠军。双翼不振，一任强风吹送，可滑翔一个小时之久，并且可以不停地连续飞行几百千米。有时狂风怒吼，常使船员胆战心惊，但信天翁却飞得洋洋得意。因此，它们被称作风之骄子。

驾长风蓝天翱翔

许多海鸟为什么能长时间在空中滑翔而不会掉下来呢？它们前进的能量是由哪里来的呢？科学家发现，海鸟能像帆船运动员一样，驾长风，乘气流，破浪向前。帆船是没有发动机的，驾驶员巧妙地操纵船帆，适应风向风速，利用风力鼓帆而行。海鸟滑翔也同样是巧用风能，“乘”长风而轻飏重霄九。

常言道，“无风三尺浪”，就是说无论是否有风，大洋上都可以产生涌浪。若无陆地阻挡，涌浪可以传播到很远。一个传播速度比风快的波浪，压迫它前方的空气产生一个上升气流，尽管这个上升气流可能很弱，仍能被海鸟觉察得出，并加以利用，海鸟可以“骑上”它往上飞，达上升气流的波峰处，也达到一定的高度，然后在滑翔过程中渐降到波谷。由于空气与波浪之间的摩擦作用，风在不同高度上方向和强度都有变化，海鸟就是巧妙地利用这种变化保持飞翔。

鹳形目鹱科短尾信天翁

例如，一只信天翁的一个滑翔周期是：第一阶段信天翁乘着上升气流往上升，达到最高处时，获得了一定的势能，此时它迎风前进，所受上升流的作用相对渐小；第二阶段信天翁转为顺风而下，随着高度的降低，势能转化为前进的动能，增大了向前滑翔的速度；第三阶段随着高度的降低，风速渐慢，而信天翁前进的速度达到最大，甚至比风还快；第四阶段待信天翁滑到波谷时，风速最慢，眼看就要落到海里时，信天翁又在波浪之前将方向一改，转向迎风，升到波峰处时，又“骑”上上升流，被速度渐强、方向相反的风推向高处，直到风力降低到不能把信天翁继续有效地往上推高时，信天翁就重复另一个周期。上升时虽影

鹈　鹕

响了向前的运动，但却获得了能量补充，可保持滑翔继续下去。在完全无风的天气，也能看见信天翁在涌浪的前方巡游，在风向多变的区域，它们也能利用上升流滑翔并结合波浪式飞翔。其他一些海鸟如海鸥、鲣鸟和鹈鹕等虽不及它们那样技艺高超，但也能表演出很高超的滑翔技巧。当然它们更多的是把滑翔技巧与有规律地鼓翼结合起来。

基本小知识

鹈　鹕

鹈鹕，让人一眼就能认出它们的，是嘴下面的那个大皮囊。鹈鹕的嘴长30多厘米，大皮囊是下嘴壳与皮肤相连接形成的，可以自由伸缩，是它们存储食物的地方。鹈鹕和鸬鹚一样也是捕鱼能手。它的身长150厘米左右，全身长有密而短的羽毛，羽毛为桃红色或浅灰褐色。在它那短小的尾羽跟部有个黄色的油脂腺，能够分泌大量的油脂，闲暇时它们经常用嘴在全身的羽毛上涂抹这种特殊的“化妆品”，使羽毛变得光滑柔软，游泳时滴水不沾。

排“V”字彼此受益

秋末冬初，大雁南飞，抬眼望去，常见它们像是训练有素的队伍一样，排成整齐的“V”字形队列，在头鸟带领下，井然有序地向南飞去。春暖花开，它们又以同样队列飞回来。据对丹顶鹤的研究发现这“V”字形的夹角永远是110°。鹈鹕、鸬鹚、鲣鸟等海鸟也是如此。海鸥和一些其他海鸟偶尔也会这样。这常引起人们的好奇和不解。是谁在指挥它们呢？实际上是由鸟的翅膀在飞行中产生的空气涡流促成的。即头鸟的每只翅膀后方产生一个向下的气流，而在它的两边则是一个补偿性的上升气流，成“V”字形飞行，使后方跟随的鸟恰好飞在这样形成的涡流的上升部分，很自然地产生一个上浮的力。上升气流还对鸟产生向前的冲力，因为它有利于空气流过翅膀，使

大　雁

翅膀前缘向下倾斜；向下鼓翼作用于空气，能产生一种向上和向前的吸力效应，所以飞翔最省力。每一只鸟都对其后方的鸟产生同样的效应，依次传下去。鸟所以不选“V”字形内侧飞行，是因为那里的涡流方向是相反的，飞行最吃力。这并非像骑自行车一样产生的“顺风”效应。飞机若以这种编队飞行，能节省燃料的5%～10%。鸟类也懂得如何在飞行中把能量消耗减少到最低限度。

巧捕食各显其能

富饶的大海，以它丰富的鱼虾贝藻为海鸟提供了取之不尽的美味食品。大批海鸟在泥泞的海滩，在喧闹的海滨，在波涛滚滚的大洋，在昏暗的水下，追逐快速游泳的鱼，捕捉动作缓慢的贝，征服舞爪弄螯的虾蟹，摄取随波逐流的浮游生物。不同的海鸟在不同的海区捕捉不同的食物。

海　鸟

海鸟都很贪食。因为空中飞翔、潜水游泳、搏风击浪，比陆上活动消耗能量要多，加之它们体温高，平均体温 42℃，飞翔时体温可升高到 45℃，所以代谢率就高，所需的食物就多。如一只滨鹬一天要吃 450 个沙蚕、蠕虫，一只海鸥每天要吃 3000 多只磷虾。当然不同海鸟、不同大小的个体摄食量也不同。据调查，小型海鸟每天消耗 35 ~ 65 克食物；中型海鸟每天消耗 100 ~ 200 克食物；大型海鸟如大海雀一天吃 200 ~ 300 克食物，南美鸬鹚一天吃 430 ~ 495 克食物。因此它们整日忙碌。常言道“鸟为食亡”，反映出它们捕食的艰辛。不同海鸟，各采用不同的捕食方法，真可谓百鸟临海，各显其能。

飞翔中水面捕食　许多海鸟以高超的飞翔技巧，在贴近水面快速飞行中，将发现的食物摄取而去。如某些小型鹱、暴风海燕、贼鸥、海鸥等都是如此。它们捕食动作灵活，或食物很小可以囫囵吞下去，或较分散，在飞行中捕食更有利。南方暴风海燕用长腿拍着水，用嘴捕起小的食物或吸入浮游生物。有些海鸥用脚捕捉食物；有些海鸟用嘴捕食，用脚挡风或帮助起飞和加速。南极的鹱被称作“水上飞艇”，有时贴着水面伸开双翅低飞，用嘴滤取食物。

鸥

尖嘴鸥也是用这种方法捕食的高手。这种鸟身体不太大，体长有 52 厘米，但翅长可达 42 厘米，腿也很短。它的喙与其他的鸟迥然有别，下颌大大长于上颌，闭嘴时下颌的边缘恰好嵌入上颌的沟内，两颌边缘扁薄如刀，越向基部喙越宽，因此而得名尖嘴鸥。捕食时双翅紧贴水面快速飞行，宛如一驾水上飞机沿水面低空飞行一样。嘴张开，长长的下颌斜插入水中，在平静的海面上犁出一道深深的波纹，仿佛在沃野上耕耘的犁耙。下颌一旦碰到了鱼，上颌就立即与下颌合拢，将鱼死死咬住，然后头一抬，将鱼举出水面吞咽入肚，下颌又立即插入水中，迎接下一次的收获。它们常是白天休息，早晨、晚上，趁浮游生物浮上水面时，它们就忙忙碌碌地在海上耕耘。

游泳中水面捕食 有些海鸟在空中盘旋飞翔中一旦发现食物，特别是相对较大的食物，就降落水中朝猎物游去。这些猎物游速较慢，难以逃脱海鸟的追逐。腐食性海鸟也常采用这种方式。许多不能潜水的海鸟如海燕，喙上有瓣膜，上下颌一合，犹如网一样，在游泳中滤取水中的浮游生物吃。还有些海鸟如瓣蹼鹬和一些海鸥也常采用这种方法。

知识小链接

心脏瓣膜

瓣膜，是人或某些动物的器官里面可以开闭的膜状结构。其中心脏瓣膜是指人的心脏内有四个瓣膜。即连结左心室和主动脉的主动脉瓣、连结右心室和肺动脉的肺动脉瓣、连结左心房和左心室的二尖瓣和连结右心房和右心室的三尖瓣。它们均起单向阀门作用，使血液只能从一个方向流向另一个方向而不能倒流。

潜水捕食 许多海鸟的食物栖于水下，如海底的底栖动物、中层的鱼和头足类等，水面上根本不露踪影，所以海鸟必须潜游水下，才能捕到食物。但空气和水这两种介质差别很大，海鸟必须都能适应才行。鸟类游泳的方式有三，即用翅、用腿或二者兼用。多数海鸟主要用翅游泳，这以企鹅为最典型。它们像海豚一样，一会儿跃出水面，换一口气后瞬即又向前扎入水中，潜入和浮出的速度是每小时 7 ~ 10 千

企　鹅

米，短程出击的速度可达每小时 36 千米。动物潜水游泳比在水面上游泳省力。据计算，以每小时 9 千米的速度游泳时，浮在水面上所需的能量为水面以下游时的 2 倍，每小时 18 千米的游速时是 5 倍，每小时 27 千米的游速时是 10 倍。企鹅水下潜游，其肌肉的活动强度可以减少 5 ~ 10 倍，这对它水下捕食很有利。企鹅种类不同，其潜水深度也不同，主要因其所捕的食物分布深度不同。企鹅一旦到达可以捕到猎物的范围内就猛冲过去，用有力的武器将猎物处死。它的舌上布满钉状小刺，加之上下颌强而有力，一旦捕到猎物，无论它是被鳞的鱼、有角质壳的节肢动物，还是全身滑溜溜的乌贼，都休想逃脱。长冠企鹅先用喙把猎物击昏再吞食，麦氏环企鹅的“V”形喙能给任何被猎捕的鱼以致命的打击。有人发现一只巴布亚企鹅胃里有 960 只磷虾，一只小企鹅胃里有双亲喂的 369 条乌贼，足见其食量很大。在南极海域以磷虾为主要食物的企鹅，每年要捕食磷虾 1200 万吨。

鸬 鹚

鸬鹚也是潜水捕食。它们主要以鱼和甲壳动物为食。有时鸬鹚的身体一部分露在水外，头颈钻到水里向前伸着追逐猎物。鸬鹚在岩礁或海藻丛生处主要用脚游，在清澈水域或砂质地区也能脚和翅并用。在能见度低的水里，往往采用偷偷接近猎物的方式，到一定距离时，突然伸长脖子，猛然一击，即使活动多么灵敏的猎物也难以逃脱。人们发现盲眼鸬鹚也生活得很好，表明听觉在捕食中起一定的作用。鸬鹚捕到鱼后必须把鱼拖出水面吞咽，所以我国和印度的渔民就是利用这一特点把它们训练成捕鱼的助手，即让它们下水捕鱼前，在它们的脖子上拴上一个皮圈，就可防止它们捕到鱼后把鱼咽下去，只能交给渔民。古时称鸬鹚为“乌鬼”。杜甫诗曰：“家家养乌鬼，顿顿食黄鱼。”足见它在人民群众中影响之大。鸬鹚很贪吃，一昼夜要吃 1.5 千克鱼。一条长 35 厘米，重 190 克的鱼，它也能一吞而下。

高空跳水捕食 有些海鸟在空中侦察，一旦发现猎物，立即像高台跳水运动员一样，从高空直插水中抓捕。如鹈鹕就常用这种方法捕食。这种鸟体魄粗壮，有 1.7 米长的身体，展开近 3 米的宽而圆的翅膀，洁白而漂亮的羽毛。它们成群结队，或姿势优雅地飞于蓝天，或此起彼伏地游于大海，或忙忙碌碌地活跃于繁殖场地。巨大的长喙挂着巨大的喉囊，有近 40 厘米长，喙比它的尾巴长 1 倍多，显得有些头重尾轻。游泳时伸着长颈，巨大的喙向前伸着，飞翔时头缩到肩部，喙就托在颈的前部。捕食时在水面盘旋飞翔，一旦发现水面游泳的鱼，立即收拢双翅骤然而降，从 15 米左右的高处像一颗飞弹直插水中，将鱼捕获，溅起高高的浪花，那响亮的溅水声 0.5 千米以外都能听得到。一群这样的大鸟在海中捕食，堪称海上一大景观。捕到鱼后它们往往是尾先露出来，装进鱼的喙和喉最后才蹒跚而出。鹈鹕也相当贪食，每只鹈鹕一昼夜要吃 2 千克鱼。有些海鸟如憨鲣鸟和鲣鸟也是从 20 ~ 30 米空中直插水中，可潜到 27 米深处追逐猎物。

趣味点击 憨鲣鸟

隶属于鹈形目鲣鸟科。体长 87 ~ 100 厘米。分布于从加拿大东部到冰岛、地中海地区等的北大西洋海域。栖息于海洋、岛屿和海岸等地。飞翔能力很强，也善于游泳和潜水。以鱼类等为食。繁殖期为 4—5 月。

海 燕

在空中抢劫食物 有些海鸟虽贪吃鱼虾的味美，却躲避下水的辛劳，虽常在海上转，却从来不湿毛。因为它们尾脂腺不发达，一旦落入海中毛被浸湿后就飞不起来了，只得浪荡海空，见机行事，干起了不光彩的“拦路抢劫”的勾当。这以军舰鸟为最典型。这种鸟身体很轻，翅膀很长，黑色的羽毛闪着绿紫色的金属光泽，是海鸟中最优秀的飞翔能手之一，飞行时速可达 153 千米，在风大浪高的日子里，军舰鸟常像箭一样从高空快速降临水面，嗖嗖地穿过浪谷，靠喙的敏捷动作摄取水面的鲱鱼、鳕鱼、水母及其他可以发现的食物。军舰鸟更重要的食物来源是“拦路抢劫”。当鲣鸟、鸬鹚、海鸥或海燕等海鸟在海里饱餐而归，或携带着食物急切地往回赶要去喂养其饥饿难耐的小宝宝时，军舰鸟一旦发现就立即追上去，进行空袭。有时一只军舰鸟单干，有时雌雄军舰鸟共谋。其他海鸟很难抵御这种飞翔快速、动作敏捷的袭击者。若不赶快吐出食物，想侥幸逃脱，被军舰鸟追上时，咬住尾部或其他部分的羽毛拼命摇晃，或用带钩的长喙猛地一啄，就可使鸟的一个翅膀脱臼。受害者也往往有这样一种习性，通过吐出捕获的食物来减轻体重，增加灵活性以逃脱敌害。所以这些鸟在被军舰鸟追上之前就哇地一声把食物吐出来，军舰鸟就像技艺高超的杂技演员一样，巧妙地将食物一一接而食之。

贼　鸥

在陆上偷取食物　以贼鸥为最典型。这种海鸟被称作“南极之鹰”，它们除吃腐肉外，还偷吃企鹅蛋和袭击小企鹅。在企鹅繁殖场上，大企鹅对自己的卵一时看管不好，就会给贼鸥以可乘之机。正在孵卵的企鹅出于母性的本能，会奋力和来犯的贼鸥搏斗，而且有能力对付一只贼鸥的进攻，但若遭一对贼鸥前后夹击，就使它难以招架了。此时一只贼鸥在前方恐吓，另一只贼鸥在背后袭击，使企鹅首尾难顾，迟早会露出破绽，一只贼鸥就趁机冲进去，将卵抢劫而去。贼鸥袭击小企鹅时，会受到大企鹅的激烈抵抗，拍打着鳍翅驱赶，而贼鸥对这一套并不惊惶失措，而是沉着应战，一而再地对小企鹅发起冲击，一旦小企鹅被吓得跑出窝来，失去了亲鸟的保护，就会成为贼鸥的果腹之物。贼鸥可以一连几天盯住一只生病的小企鹅，因为迟早必享得一顿美餐。一个有 10 万只阿德利企鹅的繁殖场能养活 10 对这样的凶猛捕食者。

鞘嘴鸥样子像白色的鸽子，也偷吃照看不好的企鹅蛋和小企鹅。它们还常打扫企鹅不当心撒在地上的磷虾等食物吃。最高明的一招莫过于当大企鹅从嗉囊中反吐出食物喂养小企鹅时，一旁窥测的鞘嘴鸥突然在两者之间起飞或是飞落在正要接食的小企鹅背上，使大企鹅吐出的食物撒落一地，于是被这无赖一扫而光。

靠打劫行为获取食物的海鸟还有不少，如海鸥直接从捕食的鹈鹕嘴里抢鱼吃，鸬鹚从正在滤食的须鲸嘴里抢食吃，也常见两只鸟共抢一块食物，其中一只从另一只嘴里把食物抢过来。在海鸟的繁殖场上，常见海鸥甚至海燕守候在那里，从捕食回来喂养小鸟的大鸟嘴里抢夺食物吃。

合作捕食 许多海鸟为了捕食成功，常采取联合行动，如鹈鹕捕食时成群结队排成一行，边游泳边把猎物往前赶，到某个时候一起潜入水中捕食。有些鸬鹚也常排成队游泳驱鱼，并一起潜水捕食。同时潜入水中捕食的还常见于一群憨鲣鸟和鹈鹕，常是后者中一个成员发出一声短的口哨，就像是命令或信号，整群鸟就开始潜水。由于鱼等动物不大容易逃脱这种集体追捕，鹈鹕就排成一队把鱼往浅水赶，或堵住海湾的出口，喧嚣着不让鱼逃走，而鸬鹚在其后也排成一条线，潜到水下往前赶，然后共同在浅水处捕鱼吃。若鸬鹚捕到的鱼很大咽不下去，鹈鹕就把它抢而食之。

温文尔雅的海龟

HAIYANG DONGWU DALIEQI

你们喜欢海龟吗？据说海龟的种类虽然不多，却都很是长寿。是儿是女还是由“天”来决定的呢。这种全身都是宝的动物，温文尔雅，而且可以千里识途返故乡。

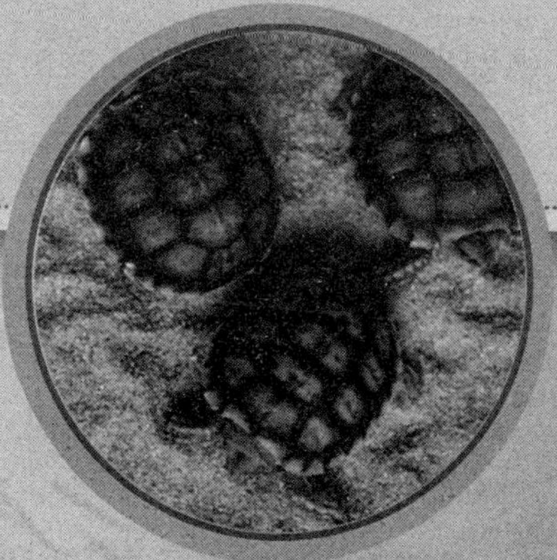

大海在召唤

一只破壳而出的小海龟钻出了沙坑，它还顾不得熟悉一下这生身故乡的风土，就匆匆忙忙向着喧闹的大海快速游去。这生命初期的头几分钟对它来说是至关重要的，因为空中的猛禽，地上的野兽都要争夺这可口的美餐。也许正是因为如此，海龟赋予它们的子女一项卓越的本领，即一出生就能识别哪里是海，尽管海有时被沙丘等障碍物挡住，根本看不见，它们也不会弄错方向。据研究，在自然条件下，新生的海龟是朝地平线较亮的一方寻找大海的。

海　龟

大海向小海龟召唤，但那里也并非安全之所，凶狠的鲨鱼张着可怖的大口在等着它们，特别是入海的头几天，小海龟不能下潜，只能在水面上随波逐流，成为“众矢之的”。这样，一些小海龟在由陆入海的过程中丧生，另有一些在大海中葬身鱼腹。这艰难的历程使许多龟类望而生畏，所以在全世界400多种龟类中，仅有7种栖于海洋。那些孵出的小海龟，仅有约占1%的幸运儿活了下来，闯过一道道难关，追踪着父母的足迹，向着大洋索饵场游去。

种类不算多

海龟到成年时大小相差很大。在我国辽阔的海域，已记录有5种海龟，数量最多的要首推绿海龟。它身体很大，足有1米多长，400千克重，雄性要比雌性大。它们喜欢生活在热带、亚热带海洋中，我国江、浙、台湾及南海数量颇多。它们常群游海滨地带，到那里寻找各种海藻等植物为食。海龟的牙齿在古代就已消失，而代之以坚韧锋利的角质喙，很适于切割肉或植物吃。蠵龟个头也不小，长近1米，重125千克。它喜欢吃肉，红螺、香螺、寄居蟹都是它爱吃的食物，碰上鱼类，它也不放过。个体最小的是玳瑁，长约85厘米，黄褐色的背甲杂有黑色斑点，犹如覆盖屋顶的琉璃瓦一样，色泽美丽，非常好看。它喜欢在珊瑚礁中生活，所以南海较多。个头最大的要算棱皮龟，大型个体长3米，重700多千克，堪称海龟之“王”，也是世界上存活的最大爬行动物。它没有笨重的背腹甲，而代之以皮革，背面有7条、腹面有5条高高的纵向脊。它主要以水母为食，但却能潜水1000米深，可以在水下待48小时之久。它的头部有两个巨大的排盐腺，排出的液体含盐量为海水的2倍，为龟血含盐量的6倍。它的脑甚小，一只27千克重的个体脑重仅有4克，而一只小老鼠的脑重可以达8克。我国海域的另一种

海　龟

拓展阅读

红　螺

红螺，贝壳大，高达11厘米，宽9厘米。壳极坚厚。壳顶尖细。螺旋部短小，约为壳高的$\frac{1}{5}$~$\frac{1}{4}$。

体螺层极膨大，螺层有6层，每层宽度增加迅速，有发达肩角。缝合线和生长线明显。壳面粗糙，具有排列整齐而平的螺旋形肋和细沟纹。体螺层肩角下还有三四条具有结节突起的粗肋，尤以基部的一条最粗大。壳口椭圆形，大而突起，壳口底部有一短而宽的沟。内唇前厚后薄；外唇边缘具与螺肋相当的缺刻，内面有与壳面细肋相当的肋纹。

海龟称丽龟，为数很少，它们在海里能以每小时 32 千米的速度向前推进，一般潜水 20～30 米，深者达 50 米，每 5—15 分钟就浮出水面换一口气。海龟与陆地龟不同之处，就是头和四肢不能完全缩进壳内。

千里识途返故乡

生殖季节到了，经过几年甚至十几年的生长已达到性成熟的海龟都踏上返回故乡的征程，到它们的出生地去生儿育女。人们将标记系在海龟身上，研究它们在海里的行动情况，发现它们并不是任意漂泊游荡，而是向着目的地迅速前进。棱皮龟的游速可达每小时 14 千米以上。在南非塔尔标志的一只蠵龟，91 天后在东非沿岸向北 2500 多千米处被捕到。在巴西近海栖息的棱皮龟经过 8 个星期的跋涉，不吃不喝，横渡 1400 海里，到大西洋的复活节岛上产卵。还有的记录更远，从南美洲到非洲西部，其间的距离达 5920 千米。据美国科学家经连续四年研究后报告，棱皮龟在迁移时走的是一条界限分明而又狭窄的路。经对 8 只海龟跟踪研究，它们刚在哥斯达黎加产过卵，发现它们所走的路线都处于一条狭窄的“走廊”内，最宽也只有几百千米。其中的两只前后相隔 13 天先后离开同一海岸，37 天游了 700 多千米之后，科学家发现它们彼此相距只有 20 千米。之所以如此，科学家猜测可能和海流或食物的来源有关。海龟都有非凡的导航能力，它们凭借天生的归家感觉、光罗盘感觉、时间校正感觉和位移感觉，能准确无误地游回出生地。据实验，地球磁场是海龟导航的“生物罗盘”，而波浪又是超过地球磁场的主导航地图。还有的认为海龟能探知溶解于水中的化学物质，能在几百千米以外感测到其出生地溶解在水中的特有的化学信号；还有的认为小海龟一出世，就把当地环境的情况，如海水的特殊化学物质、海滩沙石的气味等全部载入它的记忆库，等长大后，凭记忆的引导就能返回老家。

海龟的产卵场大多分布于热带和亚热带区域。玳瑁在热带圈内珊瑚礁发达的地方产卵，如西印度群岛、澳大利亚北部、印度尼西亚内海岛屿上；棱皮龟主要在马来亚半岛和圭亚那产卵；绿海龟也是在热带海域产卵；蠵龟则在亚热带和温带产卵，如澳大利亚、日本、地中海东部等地。例如澳大利亚海岸北端的莱因珊瑚岛上，有时一个晚上上岸产卵的海龟多达 1 万多只，在 30 千米半径范围内达 15 万只。再如中美洲南部哥斯达黎加的海滨城市奥斯契纳尔城有一条宽 50 米、长 4 千米的沙滩，是世界著名的海龟产卵场之一。每年 9 月中旬，几天时间就会有 20 万只海龟上岸产卵。我国南海诸岛如西沙群岛也是海龟的重要繁殖场。每年洄游到西沙和南沙群岛的海龟有 14000 ~ 40000 只，到南海北部的有 2500 ~ 5500 只，到北部湾的有 500 ~ 800 只。

趁着夜阑更深时

雌雄海龟群居在珊瑚岛周围，互相追逐，选择配偶，进行交配。有时雌海龟对求爱的雄海龟看不上，就用头对着雄海龟，不让雄海龟爬上背后；雄海龟便想方设法从旁边绕至雌海龟背后，雌海龟也总是随机应变，转过身去用头顶着对方，不让雄海龟得逞。一时雌海龟在内，雄海龟在外，像在水面上推磨一样团团转圈。若双方满意，雄海龟爬在雌海龟背上，用前肢爪钩住雌海龟背甲，长长的尾巴向下往前弯曲，交接器插入雌海龟的泄殖腔中，交配的时间可长达 3—4 小时之久。雄海龟的尾巴很长，相当于其体长的一倍，与

> **你知道吗**
>
> **泄殖腔**
>
> 泄殖腔：也叫“共泄腔”，动物的消化管、输尿管和生殖管最末端汇合处的空腔，有排粪、尿和生殖等功能。蛔虫、轮虫、部分软骨鱼及两栖类、单孔类哺乳动物、鸟类和爬行类都具有这种器官，而圆口类、全头类（银鲛）、硬骨鱼和有胎盘哺乳类则是肠管单独以肛门开口于外，排泄与生殖管道汇入泄殖窦（urogenital sinus），以泄殖孔开口体外。

雌海龟迥然有别。

海龟在各地产卵的时间不尽相同，以西沙为例，4—7 月为繁殖旺季，但持续时间很长，甚至可一直到 12 月。初夏的西沙，由于季风已衰退，台风尚未至，海面异常平静，极利于海龟上岸产卵。随着西南暖流遨游而来的海龟，经过长途跋涉，到达西沙，趁着万籁俱寂的夜晚，随着上涨的潮水，小心翼翼地向岸上爬去。

棱皮龟

海龟上岸产卵的时间，一般是晚上 10 点以后。它用鳍状四肢笨拙地向前爬行，沙滩上留下两条宽宽的与履带车痕迹相似的龟道。其间它要爬过大约 46 米的路程，途中休息 2～3 次，爬到高潮线以上，在海水淹不到的沙滩处寻找产卵地点。此时的雌海龟虽然有些迫不及待，但却格外谨慎，略有风吹草动、灯光人影，它们就立即返回大海。因为许多猎手和一些野兽往往在这期间等待捕捉上陆产卵的雌海龟，或挖食它产下的卵，而且一旦在陆上被掀得腹面朝天，就只能束手待毙，所以此时的海龟警惕性特别高。有人曾调查过上陆的 251 只雌蠵龟，因种种原因上岸后立即返回海中的就有 102 只。当然它们迟早还要再次上陆，最短的只隔半个多小时，最长的相隔 6 天之久。如若再受到刺激，它们还会再次入海。有的海龟从晚 7 点到 12 点 4 个多小时内，4 次重复上陆；有的个体一个晚上在沙滩上留下 8 条上岸的足迹。只有当它们确认万无一失时，才步履蹒跚地转向下一个目标，即寻找适宜的产卵地点。海龟在产卵地点的选择上也是很认真的，既要有利于卵的孵化，又要不易被敌害发现和破坏，所以花的时间很长。海龟从上陆到返回海洋的整个产卵过程，平均需要 95 分钟，其中选择适宜地点和清理场地就占用三分之一的时间。

场地选好后，先用巨大的前肢挖出一个宽大的凹坑，坑的深度与龟体高度相当，将整个身体隐伏于坑内，然后再用两个较短的后肢，交替地在生殖孔下方挖一个垂直的卵坑。尽管海龟老态龙钟，行动迟缓，但挖坑时后肢却像人手一样的灵巧，像勺子一样将沙粒舀起，小心翼翼地提上来抛出坑外，有时抛得很远。产卵海龟多时会使整个海滩响起沙沙的挖沙声。坑有半米多深，边壁垂直，像一口小井。如果地点适宜，用不了10分钟就可以挖好。若遇卵坑塌陷或沙中有瓦砾等杂物，就需要用很长时间去清理。

海龟从上陆到返回海洋的整个产卵过程，平均需要95分钟

卵坑挖好后，稍作休息，便开始产卵。产卵前，先用后肢向尾和泄殖孔处拍几下，将黏附的沙拍掉，然后泄殖孔向卵坑中排出几滴白色透明的液体，随即产出第一颗卵；卵很大，直径41～50毫米，很像一个白色的乒乓球，卵壳坚硬而富有弹性，不易破损。海龟一旦开始产卵，无论什么强烈刺激，它都全然不顾。尽管不少海龟在产卵场上受过一些人的骚扰，如被人骑过、吼骂过、嘲笑过等等，它们都不在乎。产卵速度起初较慢，是一个一个地匀速产入坑中，以后渐快，每隔4—10秒产一次，一般是2～4个，多数是3个同时落下。整个产卵过程只10分钟左右。其间它一直不断地排出黏液，使整个卵坑都被带有黏液的沙粒包裹着。产卵结

棱皮龟

束后，就用后肢拨沙将卵坑掩埋起来，然后爬出掩体坑，再用前肢将坑填平，最后拖着疲惫的身躯慢慢爬回大海。

是儿是女由“天”定

海龟生存上的致命弱点就是必须上陆繁殖，不仅本身易遭杀害，卵也很易遭受破坏。所以在漫长的历史演变中，也形成了一种保护后代的习性，即在一个产卵期间分批产卵，一般是 2 ~ 5 次，每次产 75 ~ 200 枚。孵化期 40—70 天。玳瑁也是产卵数次，间隔约两周，每次产 50 ~ 130 枚。棱皮龟卵最大，直径 50 ~ 60 毫米，每次产 50 ~ 130 枚，孵化期 60 天。科学家发现，小海龟的性别与孵化场地沙子的温度有关，环境温度越高，生成的雌龟比例越高。如蠵龟在 26℃ ~ 28℃时孵出的都是雄性，30℃时 60% ~ 70% 是雌性，在 32℃ ~ 34℃的较高温条件下，孵出的全部是雌性。不仅海龟这样，多数其他爬行动物也有这种现象，例如鳄和蜥蜴其性别也和孵化温度有关，不过它们和海龟正好相反，是温度高雄性多，温度低雌性多。海龟的产卵行为保证了幼龟的性别大致平衡，因为它们上岸的季节有时早有时晚，因此气温不同，地点选择也有随机性。有的朝阳，有的背阴，被阳光照射程度不同，卵产到坑里，有的在坑底，有的在上部，埋的沙有的深有的浅，使每个卵所受的温度影响不同，因此就使孵化出的小海龟雌雄比例保持正常，不会形成一色的女儿国或男儿国。

海龟全身都是宝

海龟的全身都是宝。一只 116 千克重的海龟可得肉 32 千克，骨 3 千克，龟板 11.35 千克，肝 1.15 千克，血 3.5 千克，还有相当数量的内脏及皮等产品。其肉可食，味道鲜美，营养丰富，是上等佳肴，还可制成烤肉干、肉饼、香肠、肉松等食品。绿海龟和蠵龟的甲即甲板，可制成骨胶板，是较高级的营养补剂，可滋阴补阳，对肾亏精冷、健忘失眠、胃出血、肺病、高血压、肝硬化等多种疾病都有一定疗效。龟掌也有润肺、健胃、柔肝、补肾、去火明目之功能。龟油、龟血可治疗哮喘、气管炎。龟蛋煮粥可治小孩痢疾。龟胆汁对肉瘤有抑制作用。玳瑁背部的鳞片是名贵的中药，其“解毒、清热之功，同于犀角”，由于它有美丽的光泽和花纹，还可做成精密的工艺品。因此，海龟被捕数量颇多，全世界每年有上百万只海龟被杀，玳瑁也有十几万只被杀。有的人为了赚钱，甚至残酷地活剥玳瑁壳后再将其放回大海，以为它的壳能够再生，可以多次捕获剥壳，使大量玳瑁死于海底。

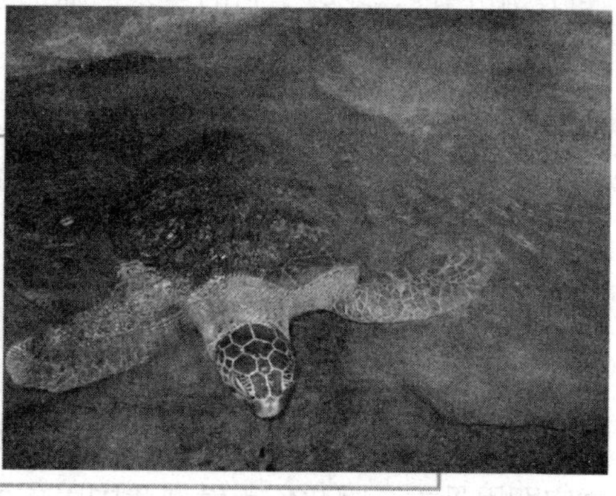

海　龟

由于海龟数量锐减，为了保护海龟资源，不少国家和地区都采取一些保护措施，如禁挖龟卵、保护幼龟、设立保护区、禁捕产卵龟、开展人工孵化、饲养、放流稚龟等。如我国在南海惠东县港口从 1986 年就设海龟自然保护区，几年时间保护海龟上岸 418 只次，产卵 268 窝，孵出稚龟放回大海 2. 4 万多只。

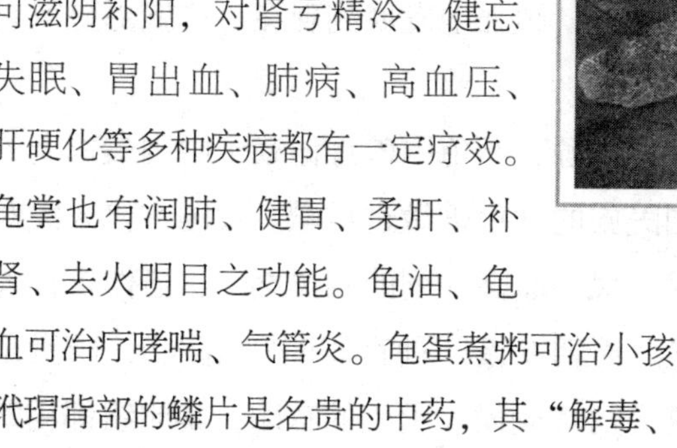

小海龟出现于世

海龟的祖先远在地质史上的三叠纪就出现于世，到了中生代，也和其他爬行动物一样，经历了它的繁荣昌盛的时期。以后由于气候变化，地球上几经沧桑之变，加之新出现的哺乳动物这一劲敌的激烈生存竞争，使许多曾遍及世界，繁盛至极，大有不可一世的恐龙及其他爬行动物先后归于灭绝了。而龟类虽也进入了衰落时期，但并未灭绝，而是借着背腹甲的保护作用，不屈不挠地闯过了无数次大自然带给的厄运，度过了无数次生死存亡的大关，步履艰难地走过2亿年的漫长历史征程，顽强地发展到现在。这就更显得它的珍贵。

相传那“龟文鸟迹”就是文字的起源，而龟甲兽骨记载了中国最古老的文字即甲骨文，因此龟为发展我国民族的文化曾做过贡献。我国古代人民对龟是颇有好感的，曾把它看作与龙、凤、麒麟并列的四灵之一，当作吉祥长寿的象征，祝愿人有“龟鹤之寿”。周朝专设一种官职叫“龟人”，职责是“掌大龟”，若有祭祀，则奉龟以往。汉代列侯、丞相的官印，其印纽都用黄金制成龟形。唐代武则天用龟袋作为区分官职品级的服饰。汉代一种货币即龟币上面刻着龟甲的花纹。这都反映出龟和人民生活有着密切关系。

海 龟

近代对海龟也有不少佳话。据报道，菲律宾“阿罗哈”号客轮失火沉没，一位52岁妇女落水后，在海中漂了12小时，已精疲力竭，后来游来了两只海龟用背把她托出水面，她抓着海龟背甲在海上漂了48小时后被过路的船只救起，海龟这才游走了。日本摄影家在马来西亚东部一个25米深的海底洞窟内发现有海龟的墓地，有30多只大海龟骨架，推测海龟到了垂暮之年也和陆上大象一样寻找自己的墓地并安乐地死去。

海洋动物大猎奇

温顺而剧毒的海蛇

HAIYANG DONGWU DALIEQI

人们都怕山上的蛇，可是你知道么，海里也是有蛇的。海蛇可以穿越水层随意沉浮，善于捕捉鱼虾，它的剧毒液可是比黄金还要贵重呢。

蛇类中的“冒险家”

海　蛇

海蛇是适于海洋生活的爬行动物，全世界约50种，在2500多种蛇类中所占比例很小，足见它们是蛇类中少有的“冒险家”。海蛇主要分布于热带太平洋和印度洋里，从东南亚到澳大利亚北部的温暖海域中较多，奇怪的是大西洋却不见海蛇踪影。当然各种海蛇的分布范围互不相同，其中分布范围最广的要算长吻海蛇，从非洲东海岸，跨过印度洋、太平洋到美洲西岸，从西伯利亚到塔斯马尼亚都有其踪迹。黄腹海蛇分布也很广，从好望角到巴拿马，从印度洋到太平洋都有发现。我国海域已记录有23种海蛇，几乎占世界海蛇种类的一半，常见的如长吻海蛇、平颌海蛇、龟头海蛇、青环海蛇、海蝰等，主要以南海最多，东海、黄海次之。海蛇的体长一般在1米多，短的仅半米左右，最长的如青环海蛇，长达2.75米。不少海蛇身上都涂上一层斑斓美丽的体色，有的全身具一道道深色环纹，且背腹颜色不同。有的背部具暗色条纹，有的还有美丽的蓝色或黄色镶边。幼体颜色最鲜艳，随着年龄的增长，环纹和条纹的颜色逐渐变淡。海蛇同样全身被鳞，但与陆生蛇相比，海蛇的鳞排列稀

长吻海蛇

疏，彼此像地砖一样并列排列，而不成覆瓦状。鳞多是很光滑的，也有的上面有1个或几个小棘。海蛇的皮肤很厚，尤其鳞片之间的部分更厚，这样可防止海水中的盐渗透到体内去，也避免体内的水分向体外散失。多数海蛇的尾不是细长如鞭，而是侧扁如桨，甚至连躯干后部都是侧扁的，和陆生蛇迥然有别。海蛇在水中游泳时，尾部是主要推进器，很适于拨水前进。游泳中的海蛇，探头水外，尾像船橹一样左右摆来摆去，身体像波浪一样蜿蜒前进，在平静的海面上常荡漾起优美的涟漪。海蛇既能向前游，也能往后游，还能轻松地下潜与上浮。

海蛇在海中能驾驭波涛，能潜游水下，能捕鱼捉虾，能生儿育女。但所有海蛇对海洋环境的适应程度并不完全相同，人们将它们分为两类或叫两个亚科。其中一类即一个亚科叫海蛇亚科，它们终生生活在大海，永远不能上陆，若一旦被弄到陆上来，虽拼命挣扎也几乎寸步难行，即使距海不远，也只能望海兴叹，无法返回，最后奄奄待毙。另一类即另一亚科叫扁尾蛇亚科，它对海的适应程度较低，身上的鳞片还有些彼此重叠，仅尾部侧扁，虽生活在海里，但不能远离岸边，腹鳞还很宽，可以上陆，常游出海来，在草丛、岩石或沙滩上晒太阳，一受到惊扰，就很快消失在苍茫大海里了。因此人们也称它两栖海蛇，它们种类不多，只有5种。

你知道吗

长吻海蛇

长吻海蛇属（学名：Pelamis），又称黄腹海蛇，是蛇亚目海蛇科下的一个单型有毒蛇属，属下只有长吻海蛇（P. platurus）一个物种，主要分布于世界上的热带海域。长吻海蛇是卵胎生蛇类，在温暖海洋中进行繁殖，雌蛇怀孕期为6个月左右。长吻海蛇不能于陆地上活动，它们多出没于海水中，有时更会聚集成千上万条同类于水面上游弋。长吻海蛇能分泌神经毒素，经常用以猎杀鱼类。

穿水层随意沉浮

蛇是没有四肢的，所以画蛇不可以添足，但蛇在陆上行动却很敏捷，或攀援树木，或钻洞穿穴，或陆上爬行，或相互争斗，行动都很迅速。原来，它有发达的腹鳞，依靠肌肉牵动灵活的脊柱和腹鳞就能匍匐前进。海蛇亚科的种类腹鳞退化，所以不能上陆；扁尾蛇亚科具有很宽的腹鳞，所以能上陆。

扁尾海蛇

海蛇必须从空气中摄取氧气，无论在海面下游泳或匍匐海底休息，都需要不时地浮出水面换气。对海洋适应程度高的海蛇亚科，鼻孔位于吻的背面，使它出水呼吸方便；而适应程度低的扁尾蛇亚科，鼻孔仍位于吻的两侧。它们的鼻孔上都有瓣膜，当其吻部露出水外时，瓣膜打开，让新鲜空气吸入肺中；当潜入水下时，瓣膜关闭，水就不会灌进鼻孔里。像呼吸囊一样的单叶肺脏，在腹腔里大大向后延伸，当吸入空气后，肺占整个腹腔体积的10%～20%。

科学家发现海蛇大部分（即约87%）的时间是在水面以下活动，浮出换气的时间很短暂，有时仅有1秒钟，潜水时间都较长，有20%潜水活动超过1小时，据记录最长达213分钟。黄领海蛇潜水时间平均为35分钟，长者可达两个多小时，平均潜水深度17米，最深达

海蛇多喜生活在河口附近

50米。海蛇的潜水习惯有季节变化，旱季潜水浅，一般只20米；雨季潜水深，时间长。海蛇的肺容量是很大的，所以潜水时间较长。但它实际潜水时间比按肺容量推算出的潜水时间要长得多，奥妙在于海蛇能合理消耗肺部的氧气，心搏变慢，几乎每分钟1次，以降低氧气消耗。它的全身皮肤可以从海水中吸取氧气，摄取的量几乎占其需氧量的70%，并把二氧化碳排入水中。据观察，海蛇下潜时身体几乎与水面相垂直，这样可节省能量。

海蛇多喜生活在河口附近。当多雨的季节到来时，上涨的河水把雨水冲来的大量有机物带到大海里，虽使水质污浊，但为鱼虾提供了大量食物，因此大批鱼虾蜂拥而来，使那里形成猎捕鱼虾的好地方。鱼群的到来把以鱼为食的海蛇也招引来了，形成海蛇的聚集期。在水里，它们像海鳝一样迅速而敏捷地游来游去；在海边上，它们有的隐于岩石的缝隙之中，有的匍匐在草丛或树根基部，有的趴在水下建筑物的桩上。一对圆睁睁的小眼放射出阴森可怖的寒光，窥测着周围的动静，以便随时对游近的鱼儿进行突然袭击，也常给渔民带来意外的不幸。菲律宾群岛附近的海域中，海蛇多时一网可以拖出上百条。雨季过去，鱼群离开了，海蛇也随之从河口附近消失了。

有些海蛇也可以沿河上溯达100多海里，而在没有什么大型河流的许多太平洋小岛上，也会有大量海蛇在那里生活。虽然它们喜栖于浑水，但有的种类如长尾海蛇却常在清澈的水域中见到踪影。它们也能被养在淡水中，只要喂养得当，水质清洁，就可以存活数月之久。

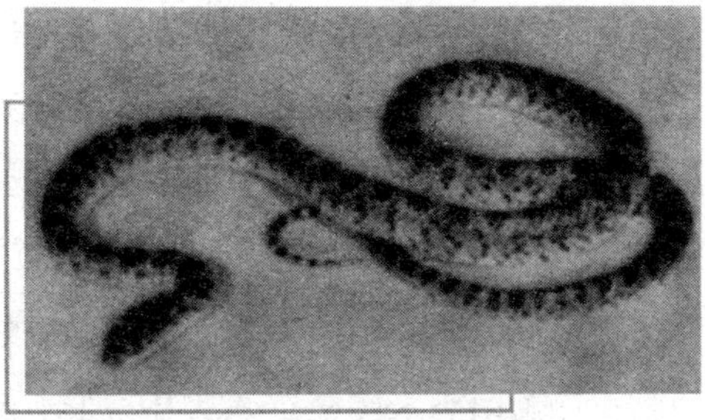

海蛇主要以鱼为食

它们虽多栖近岸，但也有的生活在距岸100~150海里的大洋中。有些海蛇属夜行性种，只有在夜间才到处游动觅食，趋光性很强，哪里有灯光，它就游向哪里，所以晚上无论在海面或水下放置灯光或点起通明的火把，都会把海蛇吸引过来，这是捕捉海蛇的好方法。如有人在马尼拉港钓海蛇，整个白天可能一无所获，而在晚上 9—10 点钟时，利用灯光仅用一块咸猪肉就可钓到六七条海蛇。

基本小知识

趋光性

趋光性，就是生物对光刺激的趋向性。在植物界，于具有叶绿体的游走性植物中常可发现，诸如游走性绿藻、各种藻类的游走子、鞭毛藻、双鞭藻和红色细菌等都是明显的例子。在没有鞭毛依靠滑行运动的蓝藻、硅藻和鼓藻甚至连细胞性黏菌的移动体也具有这种性质。虽然眼虫等是用眼点感光，但其缺少眼点的突变体和本来就没有眼点的双鞭藻仍具有趋光性。

捕鱼虾口到擒来

海蛇主要以鱼为食，它捕捉食物时，先以毒液将猎物杀死，然后再慢慢吞食。据在实验室里观察，若把一条活鱼放进饲养海蛇的水池内，一条海蛇立即跟踪，待接近到一定距离时，猛地一口将鱼咬住。鱼虽拼命挣扎，无奈注入的毒液给了它致命的打击，使它越挣扎越无力，几分钟就瘫痪了。海蛇在判断猎物时，主要靠振动感觉、嗅觉和味觉，视觉并不重要。有的海蛇身体又粗又大，但头小脖子细，喜捕食鳗鲡。它把小头钻进鳗鲡隐身的洞穴中，将其咬住拖出洞来慢慢吞入腹中。它们还捕食几乎与身体等长的海鳝，待吞下去后，身体被撑得拉长变形，几乎游不动了。所有海蛇都能咽下比自己身体粗很多的鱼，所以常发现饱食以后的海蛇肚子被撑得鼓鼓的。它们吃鱼总是先吃头，所以咽部不会被鱼身上的刺棘卡住。吞入腹内的鱼刺棘有时会将海蛇的体壁刺穿，但对它似无致命危险。如有的海蛇在菲律宾的北萨扬海就专以多刺棘的鳗尾鲇为食。这种鱼的毒刺棘很厉害，能致人重伤，但海蛇却满不在乎。有的海蛇喜捕食鱼卵，还有的可袭击其他较大的动物。当然它们也很耐饿，据饲养记录，刚捕来的海蛇拒食40天仍安然无恙。海蛇很怕冷，水温降到10℃时，它们就不吃不动了；水温降到8℃，时间长了就会死亡。在自然环境中，水温低于18℃时，它们会停止摄食。海蛇有时也会成为其他动物的果腹之物。据科学家记载，大西洋一条食肉鱼一个月吞食22条海蛇。有的海鸟发现海面游动的海蛇，就迅疾俯冲下去，将其擒获而去。海蛇一旦离开水就难以自卫了。有的鲨鱼也捕食海蛇。海蛇一般每两个月蜕一次皮。

海蛇一般每两个月蜕一次皮

在海蛇的生殖季节，它们往往聚拢在一起，前述的百里长蛇阵就是这种大规模聚会现象。有的港口有时会因海蛇群浮于水面而使整个港口沸腾起来。两栖性海蛇是卵生的。每到生殖季节，它们成群结队游出海面，把卵产在海边的沙滩里，依靠太阳的照射，任其自然孵化。例如，菲律宾的加托岛就是海蛇群前往产卵的海岛之一。但多数海蛇不能上陆，生儿育女同样也离不开水，从而形成了卵胎生，卵在母海蛇体内发育成小海蛇，小海蛇一生下来就能到处游动。若打开海蛇的腹腔就能发现3～7条小海蛇胎儿，每个胎儿都被一层膜所包。如成体长90厘米的平颌海蛇，胎儿发育到体长25～30厘米时就破膜而出。生殖时期的海蛇攻击性特别强，稍有触动就会发怒咬人，这期间对人也有更大的危险性。黄腹海蛇1—2岁时就会达到性成熟。

剧毒液贵于黄金

所有海蛇无一例外都是毒蛇，当然毒性的剧烈程度彼此有所不同。因此，所有海蛇的口里都有锋利的毒牙和与之相连的毒腺。但毒牙不太大，如黄腹海

你知道吗

毒　腺

毒腺（poison gland）是分泌对其他动物有毒害作用的物质的腺体的总称。毒腺所分泌的毒液，可通过蜇针（如工蜂）、刺毛（如刺蛾幼虫）、蜇肢（如蜘蛛）、尾刺（如蝎）、毒牙（如毒蛇）等注入其他动物或人的体内，引起中毒。由于动物不同，毒腺的位置和结构也不相同，如工蜂的毒腺，位于腹部，由管状的酸性腺和碱性腺两部分构成；毒蛇的毒腺位于头部两侧口角的上方，大小、形状因种而异。

蛇的毒牙长仅有 1.5 毫米，隐于牙龈的黏膜褶内，表面上几乎观察不出。当其咬住人或其他动物时，牙就伸出来，刺入受害者的肌肉之中。它的毒液都是由毒腺分泌的。毒腺位于眼的后下方，鼓膜之前，有长管通至毒牙基部。毒牙前缘有一条沟，称作前沟牙。毒液经毒腺管和牙前沟注入被咬者的肌肉内。它的毒牙是固定的，但较脆弱，很容易断留在被咬者的伤口处。

海蛇的毒液是白色的黏性液体。海蛇的种类不同，毒液的量也不一样，最少者不到 1 毫克（干重），如小头海蛇不多于 0.5 毫克，多的可超过 50 毫克，一般是 10～20 毫克。若把 100 微克（干重）的平颌海蛇毒液注射到兔子身上，经过 20 分钟的潜伏期（此期间兔子表现正常）后，兔子颈部肌肉开始麻痹，头逐渐垂下来，随后四肢瘫痪，胸部贴在地上，最终因呼吸困难而致死亡。

人若被海蛇咬过，初期局部症状往往不明显，不痛、不肿、无异常出血，海蛇咬的牙痕不明显。若在混浊水域，海蛇咬一口后立即隐于水下，受害者往往误认为是被鱼或其他动物的刺刺了一下。但半小时至 1 小时（短者仅几分钟，长者可达 8 小时）的潜伏期后，开始出

所有海蛇无一例外都是毒蛇

现中毒症状。最重要的一个症状是牙关紧闭，被害者张嘴、说话、吞咽越来越困难，眼睑下垂，眼睛紧闭，昏昏欲睡，运动失调，肌肉无力，活动困难，四肢、躯干至颈部瘫痪，脉搏微弱不规律，3—6 小时内出现红色尿，最后脸色发青，皮肤湿冷，抽风，呼吸困难，虚脱，不省人事以至死亡。被咬者危险期一般在 12—24 小时之内，快者 8 小时之内即可死亡，若能坚持到第二天以后，则被救活的可能性就增加了。被海蛇咬的人死亡率一般占其总数的 20%。

海蛇的毒也像眼镜蛇毒一样是神经毒，但奇怪的是它主要作用于横纹肌，所以又叫肌肉毒。海蛇蛇毒是一种复杂的蛋白混合物，真正使人致死的物质是其中分子量较低的非酵素蛋白。每一种蛇毒中可含 5～15 种酶、3～13 种非酵素蛋白、多肽类及大约 6 种其他物质。由于海蛇毒的成分复杂，因而大多数海蛇毒几乎对受害者的每一个器官甚至对每一个细胞都可能有影响，对心血管系统、呼吸系统及神经系统都有危害。因此有人认为海蛇毒性为眼镜蛇毒性的 50 倍，是氰化钠毒性的 80 倍。

海蛇的毒也像眼镜蛇毒一样是神经毒

有人估计，3.5 毫克（干重）长吻海蛇毒液就足以使一个成年人丧命，这只有眼镜蛇毒致死剂量的五分之一，而这种海蛇的毒在海蛇中还不是最毒的。因此，多数海蛇当毒腺里充满毒液时，它的量可以使几个受害人死亡。一滴海蛇毒液足以使 3 个成年人丧命，有的海蛇咬一下能注入 8 滴毒液。但它一旦咬过一个目标（人或鱼），毒液就被放空，需几天时间才能补充起来，所以同一条海蛇不可能连续使几个受害人死亡。若在咬人之前曾咬过鱼，对人的危害就小；若被饥饿的海蛇咬伤危害就大。海蛇一般并不主动攻击人，据对 120 起被海蛇咬伤的例子分析，主要是当渔民在提网、捡鱼涉水或潜水作业时，常会被它咬伤。所以在人口密度大、海蛇多的地方。特别是河口附近水质混浊的地方，海蛇会对人构成很大的威胁。泰国、越南和印度沿海地区就常有人被海蛇咬伤或咬死。

海蛇虽能伤人，但也有它有用的一面，即可作药用和食用。《本草纲目》中记载：海蛇“主治白毒痢，五野鸡病，恶疫”，炖食鲜长吻海蛇肉可以治小儿营养不良症。用海蛇泡的酒服用或擦身，可治疗风湿性关节痛、腰骨痛、肌肤麻木、妇女产后风等。海蛇肉味很美，营养价值很高，氨基酸含量比陆上的银环蛇还要高。过去日本渔民去东南亚捕鱼时常把一时吃不完的海蛇活养在泥罐内，回去后慢慢享用。海蛇胆可药用，进口海蛇胆数千元 1 千克。海蛇皮可做乐器和手工业品。印度南部沿海住着伊鲁拉斯人，以捕捉海蛇为生，仅 1966 年和 1967 年就出口海蛇皮 1000 万张。1976 年印度已禁止出口海蛇皮。

利用价值最大的是海蛇毒。海蛇毒能制成抗蛇毒血清，治疗毒蛇咬伤。它的镇痛效力极强，能医治坐骨神经痛、癌症疼痛等，而且没有副作用。一些蛇毒酶还用于核酸结构的分析及生物膜的研究上。海蛇毒价格昂贵，陆上蛇毒有液体黄金之称，而海蛇毒比黄金贵得多，如青环海蛇的蛇毒干粉每克要上万美元。海蛇资源很丰富，有时一艘渔船在北部湾一网就能捕到海蛇 1000 多千克。北海市的一些村镇一年就收购海蛇 10 万千克。菲律宾的加托岛每年捕海蛇 18 万条。现已人工饲养海蛇提取蛇毒，以保护海蛇资源。

广角镜

核　酸

核酸，许多核苷酸聚合成的生物大分子化合物，为生命的最基本物质之一。核酸广泛存在于所有动物、植物细胞、微生物内、生物体内核酸常与蛋白质结合形成核蛋白。不同的核酸，其化学组成、核苷酸排列顺序等不同。根据化学组成不同，核酸可分为核糖核酸，简称 RNA 和脱氧核糖核酸，简称 DNA。DNA 是储存、复制和传递遗传信息的主要物质基础，RNA 在蛋白质合成过程中起着重要作用。

海洋哺乳动物

HAIYANG DONGWU DALIEQI

海洋中有许多哺乳动物，似鱼非鱼的巨鲸，洄游最远的灰鲸，嗜杀成性的虎鲸，聪明活泼的海豚，吵闹繁殖的海狮，能耐严寒的海豹，似象非象的海象，并不神秘的海牛……这些动物等着我们去了解。

似鱼非鱼的巨鲸

鲸是海兽中的重要成员，体形像鱼，俗称鲸鱼。宋代罗愿所著《尔雅翼》中说："鲸，海中大鱼也。其大横海吞舟，穴处海底。出穴则水溢，谓之鲸潮。或日出则潮下，入则潮上，其出入有节，故鲸潮有时。"当然潮水的涨落是一种自然现象，并非因鲸的出没而形成。古代还把鲸看作鱼中之王，称"鸟有凤，而鱼有鲸"。由于鲸胎生哺乳的特点，人们逐渐了解它属于兽类。由于适应海上生活，鲸的身体结构和习性都发生了很多变化。陆生兽的茁壮四肢在海里已无用武之地，所以鲸的前肢变成了鳍状，后肢的用处不大，索性抛弃了，尾部长出一个很大的水平尾鳍，这是它的主要游泳器官。兽的毛在抵御严寒，保持体温上起着重要作用，但在海里不仅起不到保温作用，反而增大游泳的阻力，所以渐渐消失了，全身光滑裸露，皮下却长有一层厚厚的脂肪，像全身裹着一层保暖的脂肪被一样，保持着鲸的恒定体温。它们遨游万里海疆，深潜千米水底，出没自如，从近海到远洋，从温带、热带到两极海区，到处都有鲸的踪影。鲸的鼻孔长在头顶上，出水呼吸最方便，所以透过万里烟波，常见鲸群出没之处，它们出水换气时喷出一股股白色雾柱，高达几米至十余米，宛如大海中的喷泉。

深海巨鲸

鲸的种类很多，全世界有 80 余种，我国海域有 30 多种。一般都将它们分为两类。一类口中有须无齿，称须鲸，共 11 种；另一类口中有齿无须，叫齿鲸，共 70 多种。鲸的体长从 1 米到 30 多米。须鲸的种类虽少，但个头都很大，最小的种体长也大于6米。如蓝鲸体长可达33米，体重190吨，相当于33头大象或300多头黄牛的体重，它的一条舌头就有4吨重，它的力气也无比巨大，有1250千瓦，能拽行588千瓦的机动船，是地球上有史以来曾出现过的最大动物。这是海的恩惠，只有在海里才能长得这么大。一是食物丰富，蓝鲸虽体躯巨大，却以小得和它无法相比的磷虾为食。这种虾数量多，容易捕，养得起这些大肚子汉。二是水的浮力大，支撑着蓝鲸的巨大体躯。非洲象是陆地上最大的动物，体重5吨左右，若非洲象的体重再增加，它的四肢就支撑不住了，所以不能长得太大。但在海里却不然，动物基本上处于失重状态，再大也能浮得起来。但也不能无限增大，超过一定限度，心脏和肺等器官的功能就不能满足需要了。

硕大无比的蓝鲸从大小上堪称“兽中之王”；长须鲸也不算小，长可达27米，重95吨；能歌善舞、鳍肢特别长的座头鲸长有18米，重65吨；体短身胖、栖身北极海域的北极露脊鲸长18米多，重可达114吨；嬉游近岸的灰鲸也长15米，重16吨；小须鲸虽属强中之末，体长也达10米多，重约5吨。这都是些重要的猎捕对象，经济价值很高。

深海巨鲸

须鲸多以磷虾等浮游动物为食，为了能吃饱肚子，它们的口里长出了特殊的须，用以从大量海水中过滤食物，这是哺乳动物中最奇特的适应之一。须在上腭两侧排成两列，每一列有须300～400枚，每一枚须成三角形板状，也称须板。须板上端宽，下端尖，外缘平滑，内缘长满像头发一样的须毛，板的方向与头的方向相垂直。从头的侧面看，须板像梳头的梳子那样排列整齐，相邻两须板间的距离为0.5～1.3厘米。捕食时，须鲸张开巨口，将磷虾和海水一起吞入口内，然后口一闭，水从须板间滤出，食物就被过滤在须上，再下咽入肚。座头鲸捕食方法更为巧妙，先在水下朝上发射一串串气泡，在水面形成一个很大的圆圈，气泡就像气枪一样使磷虾受惊而向圆圈中心集中，接着座头鲸便张着口从圈中心浮出吞而食之。鲸的口是很大的，尤以露脊鲸为甚，其头长占18米体长的三分之一。口有6米长，须板长4米多，口一张，十几个成年人可以从容出入，称其吞舟之鱼实在不为过分。由于口大，取食的效率很高，每头露脊鲸每天要吃3～4吨磷虾。

洄游最远的灰鲸

须鲸在每年夏季都到两极海域索饵觅食，冬季则洄游到暖海产仔。由于南北半球季节不同，两半球鲸的洄游步调也不一致。灰鲸是须鲸中洄游距离最远的一种，又因其多近岸而行，所以也是人们观察得较多的一种鲸。

灰　鲸

每年晚春，当白令海和北极海域冰消雪融，日照渐长时，灰鲸纷至沓来，迫不及待地潜入浅水海底，搜捕称作端足类的节肢动物吃。灰鲸和其他须鲸不同，主要是以底栖生物为食。它沿着海底侧身而游，头来回摆动，将底栖生物搅起来再吞而食之。所以它的须是须鲸中最短的一种，而且口一侧的须因捕食磨损总是比另一侧的短。在此期间，灰鲸抓紧时机，日夜忙碌捕食，每天吃1吨多食物，饱食终日，逐渐长得膘肥体壮。但好景不长，到了9月，浮冰侵来，索饵场被隔断，加上孕鲸临产，它们便开始了行程6000多千米的南下洄游。它们沿着北美海岸行进，浩浩荡荡，前呼后拥，途中时而抬头探望，时而腾空雀跃，日夜兼程达3个多月，平均日行185千米，最后到达温暖的墨西哥湾加利福尼亚的潟湖之中。不久孕鲸产仔，一条条5米长、1吨重的小灰鲸相继问世。以后的两个月里，母鲸精心地喂养着小灰鲸。雌鲸的乳腺位于生殖裂两侧的乳沟里。喂奶时侧过身来，小灰鲸叼到乳头后，母鲸靠乳腺的特殊肌肉收缩，将含脂量高达50%的乳汁挤到小灰鲸口里。

灰鲸孕期长达13个月之久，至早春小灰鲸长到6~8米长，每天增重100千克，已有足够的能力和母鲸一起洄游。于是带仔的母鲸和受孕的雌鲸，又开始了为期3个月的北上索饵场的洄游。

鲸的周身都是宝。皮可以制革，用鲸皮做的皮鞋、皮包、皮衣等，质地柔软，花纹美观，不亚于牛皮。鲸的皮下脂肪层很厚，可达十几至几十厘米，可以炼油、食用或作其他化工原料。一头蓝鲸可产油30多吨，相当于1700头猪或8000只羊的脂肪总量。鲸肉可食，味道很美。鲸的骨骼、内脏可作药用或制肥。一头巨鲸称得上价值连城。所以世界上不少国家如日本、挪威等国竞相猎捕，使不少鲸濒于灭绝，国际捕鲸委员会不得不决定停止商业捕鲸。

嗜杀成性的虎鲸

齿鲸的种类较多，有70多种，其中既有形如蝌蚪、长达20米的巨大抹香鲸，又有狡黠诡诈、凶猛无比的虎鲸，更多的则是灵巧而聪明、龙腾虎跃的大批海豚。

齿鲸多以鱼和头足类等动物为食，唯虎鲸还以其他海兽为食。虎鲸体长不到10米，头的侧面、眼的后方左右各有一个卵形白斑，远看

虎　鲸

像眼。背鳍高大，长可达1.8米，状如倒置的戟，因此取名逆戟鲸。虎鲸口里长着40多枚强大的牙齿，性凶猛，且残暴贪食；除吃鱼外，它们也吃海豚、海狮、海豹等海兽，甚至袭击大型须鲸。当它们遇到成群的海豚时，立即将其包围，并逐渐缩小包围圈，然后一头虎鲸冲进去，将一头海豚咬住撕而食之，其他虎鲸亦是如此，直到它们吃够为止。海狮、海豹等遇到虎鲸往往会掉头逃窜，有些纷纷逃上岸去。虎鲸则穷追不舍，甚至向岸边追击，它能比其他鲸游到更浅的地方去，甚至浅到半身都露出水外也不在乎，常常把那些就要逃离“虎口”的海狮擒而食之。猫捕到老鼠常不马上吃掉，而是嬉耍够了以后再吃。虎鲸似也有这种习性。常见它在海里捉到海狮后，用嘴叼着，头一摆，将海狮远远地甩出去，然后再叼住再抛，或用其尾鳍猛地向上一打，就像扔石头一样，将海狮高高地打出水面，又远远落入水中，然后游过去，又是一下、两下……海象遇到虎鲸也会纷纷逃窜，特别是小海象，常是吓得伏在母海象背上寻求保护，虎鲸常从较深处突然冲上来，将小海象冲掉，然后捕食。有些海豹或海狮爬到海里的浮冰上去躲避风险，虎鲸要么用身体突然往上顶将冰弄破，使冰上的海狮落水，要么用头压在冰的一边，使冰向一侧倾斜，冰上的海狮就会滑落下水，虎鲸就接而食之。当遇到巨型须鲸时，虎鲸会像一群饿狼一样一拥而上，有的咬住巨鲸的鳍肢、尾鳍使它动弹不得，有的用整个身躯压在巨鲸的鼻孔上使它无法喘气，还有的猛地咬住巨鲸的下颌、喉等部位，巨鲸一张口，虎鲸就立刻钻进去把它的舌头吃掉。当巨鲸奄奄待毙时，虎鲸则撕咬其皮肉，一顿狼吞虎咽之后就扬长而去。所以人们也称虎鲸是嗜杀成性的鲸，当然它袭击的目标多是些病弱个体。

虎鲸口里长着40多枚强大的牙齿

至今尚未有虎鲸袭击人的报道。相反，在水族馆里的饲养条件下，虎鲸还可以与人建立起友谊，让人骑在它的背上做各种表演。

聪明活泼的海豚

海豚是令人喜爱的动物，人们扬帆出海常会在前进途中发现海豚出没。它们时而在船头引路，弄潮戏波，时而与船并驾齐驱，你追我赶，时而潜游水下，此起彼伏，更不时跃出水面，欢腾雀跃。它们少者三五成群，多者成千上万头，以数里长的队列自“天外”蜂拥而来，浩浩荡荡、载沉载浮，熙熙攘攘，势不可挡，常使人难免有几分不安与紧张。

海豚是齿鲸中的重要成员，人们习惯上把体长不足 5 米的小型齿鲸称作海豚。明代李时珍在《本草纲目》中说：“海豚江豚皆因形命名。”“海豚生海中，候风潮出没，形如豚，鼻在脑上。作声，喷水直上，百数为群……其壮大如数百斤猪。形色青黑如鲇鱼，有两乳，有雌雄，数枚同行，一浮一没。”我国不少地区至今仍把江豚称作江猪。海豚种类很多，我国常见的有性情温顺、头部无喙的江豚；有头具长喙、活泼可爱的宽吻海豚；有背鳍后缘白色、状如刀刃的镰鳍斑纹海豚；有体色斑驳的条纹原海豚；有在厦门港常年都可见到选作香港回归吉祥物的中华白海豚；有相比之下显得小巧伶俐的真海豚；还有我国特产，栖于长江、洞庭湖等淡水中的白鳍豚等近 20 种。

海　豚

海豚是海之骄子。科学家发现它有许多独特之处，使其能充分适应海洋生活。海豚的游速很快，每小时可达30海里，且轻松自如，比等大且具相同动力的鱼雷速度快一倍。当然，流线型体形，光滑的体表，可以减少水的阻力；发达的运动肌肉和尾鳍，能提高推进效率。但最主要的是它有弹性表皮，皮肤像橡胶一样柔软而有弹性，能随着海水对体表压力的变化而变化。在压力大的地方沿垂直于皮肤表面的方向向上压缩，在压力小处向外膨胀，即随水流作相应的波浪运动，把紊流变成层流。紊流是成漩涡状紊乱的流，阻力大；层流是和动物体表平行的流，阻力小。当海豚以每小时37千米的速度游泳时，它本身所用的力仅为其所受阻力的七分之一。

基本小知识

层　流

层流是流体的一种流动状态。流体在管内流动时，其质点沿着与管轴平行的方向做平滑直线运动。此种流动称为层流或滞流，亦有称为直线流动的。流体的流速在管中心处最大，其近壁处最小。管内流体的平均流速与最大流速之比等于0.5，根据雷诺实验，当雷诺准数引 $Re < 2320$ 时，流体的流动状态为层流。黏性流体的层状运动。

海豚的潜水能力很强，在三四百米深处，可以用每秒2.88米的速度快速下潜或上浮，在水下可呆上十几分钟或更长时间，从不患潜水病。它潜水时心搏变慢，可以从在水面的每分90次降到每分12~20次，减少甚至中断对内脏和肌肉的供血，保证脑和心脏的氧气供应，代谢率降低到在水面时的四分之一，所以它潜水时间很长。

海豚的潜水能力很强

海豚有高超的回声定位本领。所谓回声定位是动物的第六感觉，即动物不断地向前发射超声波，遇到鱼等物体时产生回声，动物靠监听这种回声信号来分辨目标，了解环境，在原理上和潜艇用的声呐相同，因此也被称作海豚声呐。它利用这一系统能准确地辨别方位，测定水深，识别海底性质，了解沉没物体的大小和性质，测量离岸距离，并能分辨鱼、软体动物和甲壳动物等各种食物。即使把它的眼睛蒙住，它也能在各种迷宫中自如地游动，甚至能在距离 6～8 米远处分辨出哪一个是鱼块，哪一个是与其等大的胶囊，还能从面积相同的玻璃、塑料、铅、铜板中把铜板识别出来。即使两块铅板和铜板的面积相同，经计算二者对声音的反射也相同，将它们放在一起，海豚也能正确地识别出铜板。海豚还能识别出装在粗麻袋里的各种几何图形，甚至能知道装在金属盒里的活塞的各种不同形态。海豚还能利用声呐，相互通讯，找到同伴，保持个体间的接触。在情绪激昂，处于不安、好奇及饥饿、疼痛、召唤异性时，都能发出不同的信号，彼此进行交流，遇难时也会发出求救信号。

你知道吗

声　呐

声呐就是利用水中声波对水下目标进行探测、定位和通信的电子设备，是水声学中应用最广泛、最重要的一种装置。目前，声呐是各国海军进行水下监视使用的主要技术，用于对水下目标进行探测、分类、定位和跟踪；进行水下通信和导航，保障舰艇、反潜飞机和反潜直升机的战术机动和水中武器的使用。

海豚智力发达，头脑聪明

海豚智力发达，头脑聪明，学习速度快。它的大脑发达，平均重 1.6 千克，其脑重占体重的 1.17%（人脑重 1.5 千克，脑重占体重的 2.1%），而且海豚脑的沟回很发达，外观与人脑相似。所以海豚不仅能学会表演许多节目，如钻圈、顶球、跳绳、与人握手、拉船等，而且能为潜水人员担任联络员，进行海底救生，打捞海底遗物如火箭、水雷及深水炸弹等，还能进行军事侦察，搜集海洋科研资料，甚至监视桥梁、护送袖珍潜艇及蛙人等。海豚为船只导航及海豚救人的事古今中外屡有发生。

吵闹繁殖的海狮

鳍脚类动物以其四足都成鳍状以适于水中游泳而得名，包括 14 种吼声如狮且头有耳壳的海狮类，18 种后肢不能朝前弯、无外耳壳的海豹类和 1 种巨齿獠牙的海象。它们体呈纺锤形，多数种体表密被短毛。我国海域共 5 种，除一种斑海豹数量较多外，其他 4 种只是偶有所见。

海　狮

知识小链接

海　狗

海狗 Callorhimus ursinus；northern－fur－seal 鳍足目海狗科中比较著名的一种。雄海狗体长 1.9～2.2 米，重 200～240 千克，雌性较雄性小$\frac{1}{3}$～$\frac{1}{2}$；毛色为灰棕褐以至褐黑色。多见于太平洋北部的寒带海域，沿北美西海岸和亚洲东海岸的岛屿分布。海狗有洄游习性，11 月末南下越冬，春季北返。5 月初到太平洋北部小岛繁殖，配偶为一雄多雌。雄海狗间为争夺居处和雌性常相互激烈咬斗，战败者被逐到远离交配群的居处以外。

海狮因雄兽颈部多有鬃状长毛其状如狮而得名。其中既有身体密被绒毛的海狗和毛皮海狮，又包括体型很大，常破坏渔网、危害渔业的北海狮，以及常被训练做各种表演的加利福尼亚州海狮等。海狮以北太平洋和南极海域为主要分布区。它们整年以三分之二的时间分散在海上漂泊巡游，索饵觅食，主要吃鱼和乌贼。每到生殖季节，便陆续返回它们的生身故乡，离海登陆，交配繁殖。与鲸类相比，海狮（也包括其他鳍脚类）对海洋的适应程度低，它们必须在陆地上生育后代。它们虽称作海兽，但尚未完全和陆地脱离联系，实际上应算是两栖性海洋动物。它们在哪个岛上出生，成熟以后，一定再到它们出生岛上去繁衍后代，年年如此，代代相传。在繁殖上它们多是一雄多雌，多配偶动物，由一头雄兽和若干头雌兽组成一个个多雌群或生殖群，雌兽的数目往往由海狮种类不同和雄兽个体的强弱不同而异。一般是雌雄性间大小差别越大的种，每头雄兽占有的雌兽数越多；如海狗平均 20 ~ 50 条，最多 108 条，北海狮则是平均 10 ~ 20 头。

每到海狗生殖季节，年轻力壮的雄兽首先到达繁殖场，划疆而治，各自控制一块地盘，不准其他雄兽侵入。约一周后临产的雌兽陆续到达繁殖场，分别进入各雄兽控制的势力圈。上岸后一两天即产仔，一般是一胎一仔，产后很快交配。然后下海觅食，4—5 天后上岸哺乳一次，以后每隔几天上岸哺乳一次。由于其奶汁的含脂量很高，所以小海兽长得很快。雄兽每天忙于争夺雌兽和交配活动，持续两个月之久，其间它从不下海觅食，不吃也不喝，靠平时体内积累的皮下脂肪维持巨大消耗。这样，繁殖场上势必有大量过剩的雄兽被排斥在生殖群之外，它们也不会甘于寂寞，尽量找可乘之机，身体更强壮者便冲入生殖群与占有雌兽的雄兽进行搏斗，夺取占有权。生殖群中的雄性

海　狮

经常处在不安定的更迭之中，屡屡被更强者所取代。所以海狗5岁就性成熟，但直到9岁才有能力参与生殖活动。长期选择的结果使两性在大小上差别很大，雄性可长达2.5米，重300千克，雌性不过1.5米，重63千克。有的差别还要大，达6~10倍。这是在短时间内提高雌性受孕率的一种适应。繁殖场上有母子间的呼唤，雄兽间的威胁恫吓，整日吵吵闹闹、熙熙攘攘，一片嘈杂景象。由于交配活动和争雌搏斗的践踏，仔兽的死亡率是很高的。海狗的毛皮珍贵，猎捕人员往往瞄准了繁殖场上的过剩雄兽，将1000条左右为一批赶进屠宰场，然后再分割成20~50条的小群，乱棍打死，就地屠杀，尤以3岁雄兽为首选目标。海狗的雄性生殖系统可入药，称海狗肾，有壮阳补肾之效。

能耐严寒的海豹

海豹与海狮的不同点是海豹的后肢恒向后伸，不能朝前弯曲，在陆上不能像海狮那样步行、跳跃，只能像虫子一样向前蠕动。18种海豹中，斑海豹体色斑驳，髯海豹触须多而长，鞍纹海豹黑斑像鞍，带纹海豹如体被白色缓带，僧海豹头形宛似僧头，象海豹囊鼻如象，豹形海豹性凶猛似豹，食蟹海豹因爱吃磷虾而得名，威德尔海豹和罗斯海豹栖于南极，还有的因栖于贝加尔湖而称贝加尔海豹。其中最大的要数南象海豹，其雄性体长6.5米，重4000千克，按大小来说居于鳍脚类之冠。潜水最深的要算威德尔海豹，能下潜600米，持续73分钟。最凶猛的要算豹形海豹，它的头似蛇，口很大，能吃企鹅、其他海豹甚至噬食鲸类。分布最广的要算斑

海 豹

海豹，太平洋、大西洋都有，它们按分布区域的不同而被定为5个亚种。

斑海豹在我国是鳍脚类中数量最多的一种，主要见于渤海与黄海北部，其头形似狗，我国东北地区至今仍俗称其为海狗，古时也称腽肭兽，即肥胖之意。《广东通志》云：“海狗纯黄，形如狗，大如猫，常群游背风沙中。遥见船行则没海，渔以技获之，盖利其肾也。”斑海豹身体粗壮，长可达2米，重120千克。斑海豹有很强的潜水本领，最大能潜到300米深，持续23分钟，以鲐鱼、黄花鱼及乌贼等为食。渤海是其繁殖区之一。每年冬季，它们纷纷游向渤海湾北部辽河口一带，爬上浮冰。立春前后，小海豹在凛冽的北风中降生，身被白毛，这使它在冰雪背景中不易被发现。约一个月后，随着天暖冰融，小海豹下水独立谋生。

小海豹的耐寒能力是相当惊人的。有4种海豹即威德尔海豹、罗斯海豹、食蟹海豹和豹形海豹，其生活周期都是在南极度过的，被称作南极海豹。它们多是冰上产仔，南极的气温低到年平均－56℃左右，小海豹从体温37℃的母体子宫里突然来到这个冰天雪地的寒冷世界，温度骤降，它们虽难免瑟缩发抖，但不会被冻死。它们体内有一种特殊的褐色脂肪，这是一种高效能源，氧化以后能产生大量热量。约一个月后，小海豹体内积累了一定量的脂肪，体温调节机制也就逐渐建立起来了。

海豹的肉可食，皮可制革，

拓展思考

氧　化

氧化（oxidation）：狭义地，氧元素与其他的物质元素发生的化学反应，称其为氧化，也是一种重要的化工单元过程。广义的氧化，指物质失电子（氧化数升高）的过程。人的新陈代谢也像是氧化作用，亦即人体每天都在生锈，所产生的“铁锈”在医学里就叫“自由基”。

自由基是一种带有未配对电子的粒子。因为带有单数电子，所以非常不稳定，具有高度的化学反应性，很容易和周遭的分子反应，使安定分子也变成自由基。

脂肪可炼油，雄性生殖系统可入药，有一定的经济价值。

似象非象的海象

海象因其口悬一对长 75～96 厘米的獠牙，与大象相似而得名。这种长可达 3.6 米，重 1600 千克的巨大海兽是北极的特产。它的头很小，眼也小，皮色灰而毛粗短，爱在海底搜捕双壳类等动物吃。它的巨大獠牙可以用来破冰、登岸、掘沙觅食和御敌，还用来在海象群中建立支配地位。海象喜群居，当它们群栖海岸时，群中最大的个体有最长的獠牙，便可成为最主要的统治者，它只要简单地摆一个姿势，露出大的獠牙，就可以在群中找到最舒适的位置。若遇上对手，就难免一战，用獠牙示威或刺对方，最后失败者只得退却走开。这种角逐在雌雄海象间也屡有发生，而在生殖季节雄性间的争斗最为强烈。獠牙还被用作海象的第五只脚，当它往冰上爬时，先将獠牙刺在冰上，再将身体往上拉。所以 18 世纪动物学家称它是用牙齿行走的动物。

海　象

并不神秘的海牛

2000 多年来，民间流传着人鱼的传说。说是海里有一种神秘的动物，上半身像女人，下半身似鱼，取名美人鱼。它出没大海，载沉载浮，破惊涛如履平地，驾骇浪似乘扁舟。我国古书上也颇多记载。南朝《放异记》中说，南海有鲛人，身为鱼形，能纺会织，哭时会掉泪。宋朝的《祖异记》中甚至说有个叫查道的人还亲眼见过。国外也有很多类似的传说。

美洲海牛

其实这美人鱼就是指海牛类。全世界共4种，包括栖于西半球的北美海牛、西非海牛，生活于亚马孙河中的亚马孙海牛及分布我国南海及印度洋、太平洋周围的儒艮。它们均以海草等植物为食，且其肉颇似牛肉，或许是称其为海牛的最大原因。以儒艮而论，虽有人鱼的雅号，却天生一副丑陋的面孔，头小吻钝，唇厚而上翘。口似马蹄，周围触须满布，眼小无光，鼻孔几乎被挤到头顶上。体型倒不小，长可达3米，重400多千克。整个身体轮廓颇似海豚，但粗糙多皱的皮肤，遍布全身的稀疏刚毛和呆钝怯懦的个性，又使它与活泼的海豚迥然有别。儒艮虽是兽，但后肢已退化消失，前肢成鳍状，尾末出现一水平尾鳍，是其主要游泳器官。

儒艮性情安静，行动缓慢，白天总似昏昏欲睡，饱食以后大部时间潜入30~40米深的海底，伏于岩礁等处，消磨时光。苍灰色的体色使它不易被发现。它喜生活于近岸浅海，从不到大洋深海中冒险。每当傍晚或黎明便到处觅食，大口吃着海藻或其他海草。每天要吃几十千克，食量很大。它是靠臼齿磨碎食物，而不是像牛那样的反刍动物。

儒艮生儿育女也离不开水。儒艮的孕期可能为一年。刚出生的小儒艮尾巴向前蜷曲，游泳力弱，母兽常把它托出水面吸入第一口气。儒艮的乳腺位于胸部鳍肢之间，与人的乳房位置相似，这或许是称其美人鱼的最大原因。甚至有人说它是用前肢抱仔半身露出水外喂奶，其状若人。其实它是水平地浮在水面，身体略侧，小儒艮与母体斜成一个角度，口吸在乳头上吃奶。

儒艮喜生活于温暖水域，水温低于15℃时它就容易患肺炎死去，所以我国广东、广西、台湾、福建沿海较常见。其他几种海牛也多生活在较温暖的水域。

儒艮（包括其他海牛）的皮可以制革，肉的味道鲜美，营养丰富，胜似牛肉。海牛油是贵重的药材，与鳕鱼肝相似，肺病患者或体弱者服用，疗效颇佳。齿和骨可以做象牙雕刻的代用品。儒艮全身都是宝，所以被捕颇多，濒临灭绝，需加强保护。

你知道吗

儒艮

儒艮（Dugong）与海牛皆为草食性动物，但栖息地不尽相同，它们是海牛目中唯一仍生存于印度洋与太平洋地区的物种。和海牛不同，儒艮的尾鳍近似于海豚的Y型尾，突出嘴外的长牙则近似其远亲大象。虽然它们的分布范围广泛，某些地区仍有相当的数量，但在人类持续的猎杀、栖地减少以及困在渔网中溺毙的意外等已严重威胁到它们的生存。

危险的海洋动物

HAIYANG DONGWU DALIEQI

海洋里的动物，并不都是有益的。杀人的水母刺胆，伤人的海胆毒棘，剧毒的赤魟尾刺，毒性如蝎的鬼鲉，触摸会中毒的海兔，人吃后会中毒的鱼，不要冒死吃的河豚，能咬死人的章鱼，能发电伤人的鱼……本章中都有一一介绍。

杀人的水母刺胞

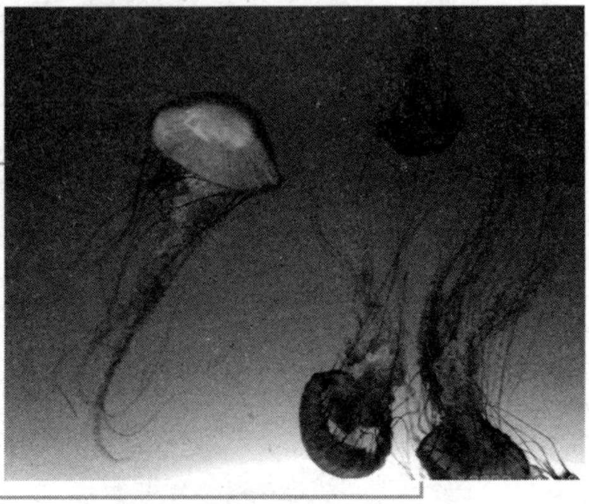

太平洋海刺水母

1987 年 8 月 12 日，一位 23 岁的男青年，在北戴河海水浴场浅水中正玩得开心，突然双腿被海蜇（水母）缠住。他当时并未在意，10 分钟后上岸，感到下肢痛痒难忍，被蜇处出现鞭痕状的红斑，以后病势渐重，全身发冷，心悸气短，口唇青紫，呼吸困难，口吐泡沫，抢救两小时无效身亡。

2000 年 8 月 13 日，天津市一名 13 岁小男孩，在海边游泳时，被海蜇缠住腿，并被蜇伤，造成急性肺水肿、急性心衰竭、急性肾功能衰竭，抢救无效于当晚身亡。

广角镜

腔肠动物

腔肠动物大约有 1 万种，有几种生活在淡水中，但多数生活在海水中。这类水生动物身体中央生有空囊，因此整个动物有的呈钟形，有的呈伞形。腔肠动物的触手十分敏感，上面生有成组的被称为刺丝囊的刺细胞。如果触手碰到可以吃的东西，末端带毒的细线就会从刺丝囊中伸出，刺入猎物体内。

这杀人的凶手就是看起来似弱不禁风的腔肠动物之一的水母，杀人的凶器却是小得人眼看不见的刺胞。

腔肠动物种类甚多，有上万种。它们体表都有一种特殊的细胞叫刺细胞。刺细胞里除细胞核等结构外，还有一种小小的囊状结构，叫刺胞。刺胞的形状有圆的、椭圆的，或长如棒、如香蕉等，一般长只有 5 ~ 50 微米，和人的红细胞大小差不多，最大的也只有1.2毫米长。囊里包着毒素，当中有一刺丝，盘绕在囊内，犹如一根绷紧的弹簧。刺细胞向外的一端都有一根刺柄，犹如捕鱼叉的扳机，一受到触动，立即击发，将刺丝突然从囊内射出来，直刺受害者。虽然刺丝很细，穿刺力却很大，其冲力能达30千帕斯卡，所以能穿入人的真皮。刺丝实际上是一条空心的管，当它刺入受害者时也将刺胞内的毒素注入进去。刺丝虽细，其上还往往生有倒钩或毛刺，而且刺丝形态有20~30种之多。

基本小知识

细胞核

细胞核（nucleus）是细胞中最大、最重要的细胞器（初中老教材认为细胞核不是细胞器，大学细胞生物学则认为是细胞器，这里以大学教材为准），它是由核膜（nuclear membrane）、核骨架（nuclear scaffold）、核仁（nucleolus）几部分组成。细胞核的主要构造为核膜，是一种将细胞核完全包覆的双层膜，可使膜内物质与细胞质、以及具有细胞骨架功能的网状结构核纤层分隔开来。由于多数分子无法直接穿透细胞膜，因此需要核孔作为物质的进出通道。

刺胞可以从刺细胞里游离出来，漂游在海水中，或沉入海底泥沙里，或黏附在礁石、船底、网具、贝壳等表面，仍然保持着伤人的能力。所以一滴海水可以使人的眼睛红肿，人接触海底的泥沙或其他物体也会莫名其妙地引起蜇伤，多半是这小小的刺胞在作怪。有的水母触腕长达几十米，断下的残体漂浮水中，仍然是暗含杀机的危险品。

并非所有有刺胞的动物都能伤人，也并非所有长有刺胞的动物都有毒，能伤人的约有196种，主要集中在那漂柔如纱的水母类、骨硬如石的珊瑚类、分枝如羽的水螅类等三类动物中的部分成员。白色霞水母、沙蜇、长须霞水母、灯水母、方水母、僧帽水母等都能蜇人。如沙蜇直径有1米，重200多千克，触手1米多长，漂游海面。游人常好奇地去抓去捧去抱，不幸被蜇伤。伤者剧痛如灼，出现红斑、发烧、呼吸困难，重者致死。方水母的触手上有几十亿个刺胞，足可以使20个成年人在2—3分钟丧生，有的幸存者描述被刺时的感觉像是一盆火倒在皮肤上，使人剧痛。

珊瑚中的鹿角珊瑚、纵条矶海葵、等指海葵等也有毒，尤以海葵为甚，其软如花瓣的触手上，布满刺细胞，刺伤后亦有灼痛感，以后出现疱疹，夜间奇痒难忍。

水螅的种类很多，有2800多种，能蜇人的主要是羽螅类，如佳美羽螅。它们栖息于沿岸浅水域水流湍急处的礁石上，成群而栖，分枝如羽，状如小草，高7～20厘米。它们身上的刺细胞很多，一个长5厘米的小分枝上就有3万个刺胞。被刺后也会有刺痛、灼痛或刺痒感，然后出现红斑等。

这些有刺胞的动物的毒素主要是用以捕捉食物，所以对甲壳动物特别有作用。1微克的巨疣海葵毒素就足以使蟹和长臂海虾麻痹。它们的毒性和引起的症状因种类而异，具有心脏毒、肌肉毒和神经毒的成分，引起死亡的主要是心脏毒。若不慎被蜇，应尽快用酒精、10%福尔马林、稀释的氨水溶液或用糖、盐、橄榄油或干沙敷在受伤处的表面，或用干布用力擦拭干净，防止刺胞继续伤人，或在45℃热水中浸泡30—90分钟，切忌用清水或湿沙擦洗。

伤人的海胆毒棘

海胆的危险武器有两种类型：一是针状的毒棘，二是叉棘。大多数危险海胆必具备其一或二者皆备。海胆全身长满了棘，但各种海胆间又有很大差别。多数种的棘是硬的，棘端圆而钝，没有毒腺。但有些种的棘细长而尖锐且是中空，如刺冠海胆的棘可长达30厘米。这种棘很容易断，刺伤皮肤断在其内，难往外取，抓取这种海胆是很危险的。

叉棘小而精巧，长在棘之间，有好几种类型。其中之一是由两部分构成，一是头部，位于上端；一是下部的柄，起支持作用。头是圆球形，又称球生叉棘，是有毒器官，主要用以防御。一旦刺中目标，叉棘可以从壳上脱下来，

海　胆

活几个小时，继续对被刺者产生毒性作用。

被刺后伤口异常疼痛，除因断下的棘留在皮肤内引起剧痛外，棘内的紫色毒液会注入皮肤，引起被刺部位皮肤红肿，较重者还会引起恶心、呕吐和腹泻，甚至失去知觉，呼吸困难，个别者还会死亡。所以在采集海胆时务必小心，尽可能戴上厚的手套。

剧毒的赤魟尾刺

世界上有刺的毒鱼类有 500 多种。我国也有 100 多种，其中海洋鱼类占 65%，如软骨鱼中的虎鲨、角鲨、银鲛和魟，硬骨鱼中的毒鲉等。凡见过赤魟的人都知道，在它鞭状的长尾基部，斜竖着一根刺棘，长度可达 4 ~ 30 厘米。这是一根毒棘，坚硬如铁，能像箭一样刺穿铠甲，若刺在树根上，能使树枯萎，令人可怕。若人不慎踩着赤魟时，它立即举起尾部将毒棘刺入人体。棘的后部连着毒腺，毒腺里的白色毒液就沿着棘的沟注入伤口，使

你知道吗

虎　鲨

虎鲨（学名：Heterodontus）是软骨鱼纲（Selachii）虎鲨科（Heterodontidae）仅有属“虎鲨属”所有种类的统称。特点是两背鳍前缘各具一粗大硬棘。约有 10 种。海产，底栖，除地中海和大西洋外，几乎各处可见。长可达 1.4 米。两腭具锐牙，前方者呈门牙状，两侧呈臼齿状。以无脊椎动物如海胆及甲壳动物为食。虎鲨也是一种新型战斗机——F－20 战机的代称。

赤 魟

人疼痛难熬，有的晕倒在地，数分钟不省人事，有的会剧烈地痉挛而死。由于棘的两侧有锯齿状倒钩，造成的伤口特别大，可长达 15 厘米，约 14% 的受害者必须手术治疗，剧痛可长达 6—48 小时，并会出现虚弱无力、恶心和不安等症状。在美国每年约有 1800 个遭赤魟刺伤的事例，死亡率估计为 1%。即使受难者侥幸生存了下来，也如患了一场大病，很久才能下地走路。

魟类中的毒棘还有几种类型。燕魟类的毒棘较小，位于短尾的基部；鲼的棘较大，亦位于鞭状长尾基部；圆扁魟的尾短而发达，肌肉多，若受这种带毒棘的尾巴鞭打会引起严重损伤。魟的种类很多，小者体盘约 10 厘米，大者长可达 4 米。魟的身体扁平，平时喜埋在海底的泥沙之中，人在潜水或涉水时无意中踩到它，就容易被刺伤。

毒性如蝎的鬼鲉

鲉科鱼类约 300 多种，有 80 种是能对人造成伤害的。蓑鲉是珊瑚礁鱼类及鲉科鱼类中最漂亮的一种，长约 20 厘米，由于它常展开巨大的扇形胸鳍和镶嵌着美丽花边的背鳍慢慢地游动，状如伸展羽毛的火鸡，国外也称它火鸡鱼。蓑鲉的有毒器官是 13 根较长的背鳍棘和 3 根臀鳍棘。鬼鲉的毒棘短而粗，棘上端三分之一明显变粗，这里就是毒腺。鬼鲉的毒剧如蝎，俗称海蝎子。它虽然形象丑陋，

鬼 鲉

面目可憎，但颜色鲜艳，且能随环境而改变，这是它对环境的适应，又是一种伪装。鬼鲉栖于潮间带至90米深的浅水海湾或近岸处，不大活泼。当它潜伏于岩石缝隙、珊瑚礁、海藻场中时，看上去就像是一块岩石或一簇杂藻，不大引人注意。只有当人们无意中摸着或踩着它而被刺伤后才会发现它。若把鬼鲉从水里取出来，它立即把背鳍棘高高竖起，张开带棘的鳃盖，展开胸鳍、腹鳍和臀鳍，样子吓人，不过胸鳍棘无毒。鬼鲉的毒性剧烈，人被刺伤后，会引起晕厥、发烧、神经错乱、吐胆汁，厉害的还能引起心脏衰竭、血压降低、呼吸抑制，在3—24小时内甚至会引起死亡。

知识小链接

鬼　鲉

鬼鲉：鲉形目毒鲉科鬼鲉属鱼类的通称。有8种。体长约250毫米。体延长，前部粗大，后部稍侧扁。头宽大，具凹陷和凸起，棱突粗钝。眼小，上侧位。口中大，口裂几垂直。上下颌及犁骨具绒毛状牙群，腭骨无牙。体无鳞，具皮瓣。侧线平直。背鳍连续；胸鳍宽大，具2游离鳍条；腹鳍大，鳍膜与体壁相连；尾鳍圆截形。分布于印度—西太平洋热带及暖温带。鬼鲉为热带及暖温带近海底层小型鱼类。卵浮性。

鲉科鱼类的毒素多是一些对热很敏感的蛋白质形成的，很容易在高温条件下被破坏。所以被刺后一个简便易行的急救办法是尽快将伤口处放在45℃以上热水中浸泡30—90分钟，可以缓解疼痛，然后再尽快就医或做其他处理。

触摸会中毒的海兔

海产贝类是人们重要的美味食品，但因吃贝类而引起中毒的事件世界各国都有报道。这是因为有些贝类是有毒的，有些则是因为贝类吃了含有毒素

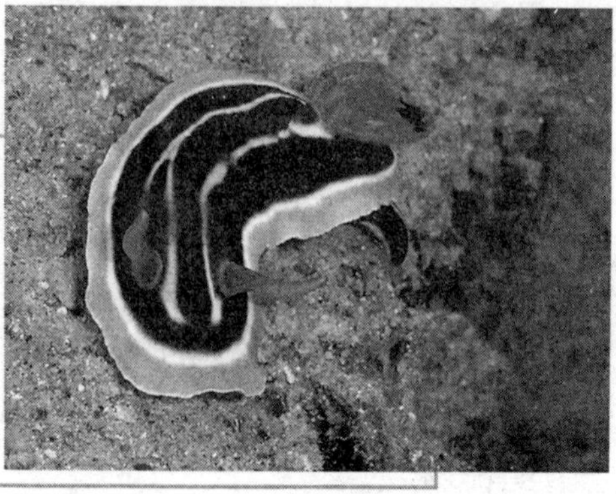

海　兔

的食物而使自己也成为有毒动物的。有的贝类即使人接触到它也会引起中毒。

据报道，南太平洋一个岛国上，一位孕妇在海滩上捡了一个海兔，好奇地捧在手里观赏，突然她感到恶心，然后肚子痛，回家后不久就流产了。后来知道这祸首就是海兔。海兔是一种软体动物，属于贝类，但贝壳退化，柔软的身体外露，且有着美丽的色彩和花纹。体长从几厘米到 100 厘米，大者重可达 2 千克。头部有两对触角，后一对短，有嗅觉作用，前一对较长，状若兔耳，有触觉作用。海兔以海藻为食。其实它本身并不产生毒素，但吃进红藻后把其中含的有毒的氯化物贮存在消化腺中，或送到皮肤分泌的乳状黏液中，散发着令人恶心的气味，人接触到就会产生中毒效应。还有一些毒液贮存在其外套膜中，可进一步对它的敌手产生毒害。

据科学家研究，这种毒液还能杀死癌细胞，经对患肺癌的老鼠注射海兔毒液实验，其寿命比不注射者延长 5.6 倍，对患白血病的老鼠也能延长 5.5 倍。将来可望由此制成抗癌药。海兔也是名贵的海味珍品，还可作药用，有消炎退热之效。由于海兔离水即烂，渔民常把它腌制成海兔酱。

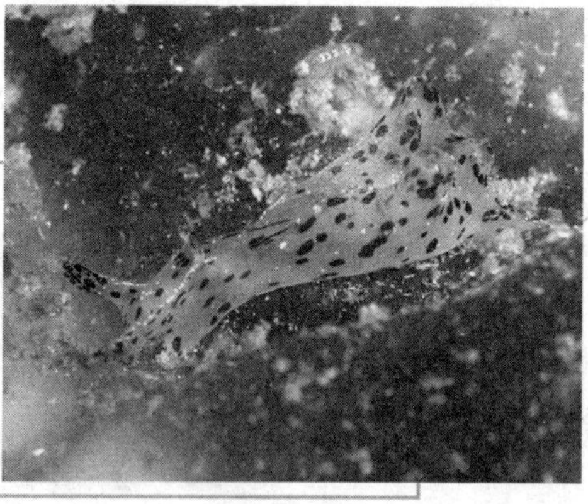

杂斑海兔

人吃后会中毒的鱼

人食用后会引起中毒的鱼已知约有600种，其中我国有170余种。当然各种鱼的毒性不同，有的鱼仅某些器官有毒，有的鱼全身有毒，有的鱼仅在一定季节特别是生殖时期有毒，有的鱼终年有毒。有的鱼幼时无毒，到成体就有毒。各种鱼所引起的中毒症状亦不同。

人吃后引起肠胃症状的鱼类约300多种，其中我国约有20多种。如身体细长如蛇的海鳝，鳞上长刺的鳞鲀，颌如鹦鹉喙的鹦嘴鱼，体裸尾细的刺鱼，口能伸缩的笛鲷类，体色漂亮的蝴蝶鱼类，体成方形的隆头鱼类等都是。人吃后通常在1—6小时后感到口、舌、唇及食道刺痛，有的会上吐下泻，寒战发热，不能步行，感觉颠倒，即分明是热的东西反感觉冷，对冷的东西反觉象触电火烧一样烫，以后抽搐昏迷，呼吸困难而致死亡。幸存者恢复也极为缓慢，往往需要几个月的时间。

其实这些鱼多数本身并没有毒腺，而是吃了有毒的藻类后，把毒素贮存在肝脏、生殖腺和肠胃中，人吃后引起中毒，但鱼肉多数都很少有毒素。

不要冒死吃河豚

河豚是最常见也是最危险的剧毒鱼类，俗称廷巴。在鱼的分类上属于纯形目，全世界有329种。有全身光滑无鳞的圆鲀，满布小刺的刺鲀，体被骨甲的箱鲀等。全世界有毒的约100种，我国约40多种，如东方圆鲀等。河豚的身体肥胖臃肿，腹内有一富有弹性的气囊，受惊、遇敌或发怒时，将气吞入气囊，使肚子鼓得像个气球，仰浮水面，装死躺下，危险过后再“消气”。我国古书上颇多记载，如宋罗愿的《尔雅翼》称：“河豚，状如科斗，腹下

日本人吃河豚的风俗世界闻名

白，背上青黑，有黄文。眼能开能闭。触物辄嗔，腹张如鞠，浮于水上。”它的口很小，牙齿像门齿，非常锋利。据报道，日本一位厨师在剥一条活河豚的皮时，不慎竟被它咬掉了一根手指头。它嗜吃虾、蟹、牡蛎、海胆、乌贼和其他鱼类，是贝类养殖的大害。北方称它为海老虎。

有些河豚的内脏、血液特别是肝脏和生殖腺有毒，尤其产卵前毒性最强，肾脏、眼、鳃和皮肤也有毒，叫河豚毒素，从化学性质上讲是一种氨基全氢喹唑吖啉型化合物，易溶于水，是神经毒，对几乎所有脊椎动物都显毒性，剂量只要达到被害动物体重的五十万分之一，就能将其杀死。其毒性为马钱子的25倍，为氰化物的13倍，一条暗纹东方纯的毒素能毒死33个人。有趣的是河豚毒素对软体动物、环节动物、棘皮动物和腔肠动物这些较低等的动物却毫无作用。

河豚毒素主要对人的神经和肌肉传导有阻碍作用，促使神经末梢和神经中枢麻痹。人若误食，不过半小时就头昏眼花，脸色苍白，四肢无力，唇、舌及食道感觉异常，严重者全身麻木，头重脚轻，呼吸循环衰竭，4—6小时，最迟不超过8小时而致死亡。闯过8小时就可望能治愈。据日本统计，因误食河豚而死者，平均每年有100多人，占食毒鱼而致死人数的61.5%。明代李时珍在《本草纲目》一书中也早有记载：“河豚有大毒，味虽珍美，修治失法，食之杀人。”据侥幸存活者称，当时的感觉是突然感到全身麻木颤抖，四肢乏力，不时像冻僵的手突然碰到了火，手掂不出物体的重量，感觉一桶水和一根羽毛一样重，嘴上想说什么，就是说不出来，呼吸也越来越急促。

河豚虽有剧毒，但河豚肉经处理后不仅可食，而且细嫩鲜美，堪称鱼肉中之佳品，素有“不吃河豚焉知鱼，吃了河豚百无味”之说。苏东坡更有诗曰："竹外桃花三两枝，春江水暖鸭先知。蒌篙满地芦芽短，正是河豚欲上时。"对河豚大加赞美。日本人吃河豚的风俗世界闻名，一条河豚在日本餐馆能卖到200多美元。当然他们对河豚处理比较严格，先去鳍，挖去眼，剥去皮，除内脏等要经过30多道工序。我国有些地区也有吃河豚的习惯。据清陈元龙《格致镜原》载："在仲春期间，吴人此时会客，无此鱼即非盛会，其味尤宜。"据传苏东坡吃过河豚后，有人问他味道怎样，他说："食河豚值得一死。"据报道，一位外国海洋考察人员品尝自己做的河豚肉，称"味道美极了，鱼肉入口即化，只是舌头上有一种轻微的被蜇了一下的感觉，但只是一瞬间而已。一刻钟以后，感到体内异常松快，头脑里有一种一瞬即逝的叫人舒心的微醉的感觉。随后整个人都变得心情格外愉快，精力充沛"。一般说，只要把新鲜河豚的内脏、头及血液等去掉，并剥去皮，把肉在清水里泡一段时间，再经120℃高温煮沸30多分钟至1小时后再食用，就不会中毒了，但一定要向有经验的人请教，不可贸然"拼死吃河豚"。宋代沈括在《梦溪笔谈》中云："吴人嗜河豚，有遇毒者，往往杀之，可为深戒。"宋代梅尧臣诗曰："春洲生荻芽，春岸飞杨光，河豚当是时，贵不数鱼虾。其状已可怪，其毒亦莫加……皆言美无度，谁谓死如麻。"

河豚毒素在医药上用处很大，对肉瘤180和肝癌实体型均有近40%的抑制率，可用来治疗鼻咽癌、食道癌、胃癌、结肠癌等，还可用于癌症止痛、外科手术后镇痛和缓解胃溃疡引起的疼痛。

能咬死人的章鱼

章鱼有100多种，有些种有毒，对人有危害。章鱼的颌像鹦鹉的喙，咬的力量甚大，能将触腕抓到的食物撕咬着吃。当它咬到目标后，就将毒液经唾液腺注入猎物的伤口。据报道，因被章鱼咬伤而毙命的事例有不少。其中之一是在澳大利亚，一位潜水者抓到一只小的蓝环章鱼，大小只有20厘米，觉得很好玩，让它从胳膊上爬到肩上，最后爬到颈部背面，在那里待了几分钟，不知出于什么原因，它朝潜水员颈部咬了一口，并咬出了血，没过几分钟，受害者感觉像是病了，两小时后不幸身亡。

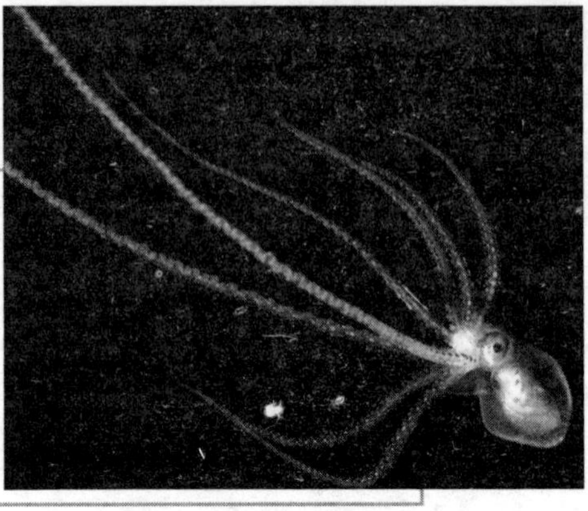
荧光章鱼

澳大利亚这种有蓝色环状斑点的章鱼，对人危害最大。一只这种章鱼的毒液，足以使10个人丧生，严重者被咬后几分钟就毙命，而且目前还无有效的抗毒素来预防它。章鱼的毒液能阻止血凝，使伤者的伤口大量出血，且感觉刺痛，最后全身发烧，呼吸困难，重者致死，轻者也需治疗三四周才能恢复健康。

能发电伤人的鱼

海洋里有很多鱼类能发电，人在海里触到它们时会像受到剧烈打击一样，突然战栗起来。全世界约有500种具电能的鱼类，其中有250种鱼有特殊的发电器官，能发出令人有痛感而难受的电打击。具发电器官的鱼既包括淡水产的电鳗、电鲇，也包括海产的电鳐、瞻星鱼、长吻鱼、裸鱼等。其中最重要的要首推电鳐，全世界有38种。它们个体一般较小，不超过30厘米，也有的可长达2米，重100千克。无论在温带或热带海洋里都能见其踪影。它们习性懒惰，游泳力不强，大部时间将身体埋于海底的泥或沙中消磨时光。虽然身体也呈盘状，略成椭圆形或长圆形，但比其他鳐类厚而柔软，且边缘是肉质的，皮肤也较柔软。

各种鱼发出的电强弱不同。有一种非洲鲇鱼能发出35伏特的电，电鳗能发500伏特，最大可达800伏特，能把电压50伏和60伏的50安培电阻丝烧

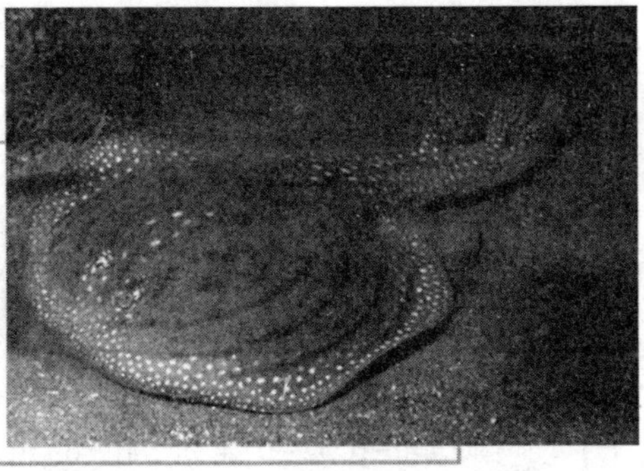

电　鳐

掉。据计算，电鳗每克体重的输出功率为 0.1 瓦特，而 1 克重汞电池的输出功率却只有 0.003 瓦特，仅为电鳗的$\frac{1}{30}$。电鳐一般发电 70 ~ 80 伏特，大的电鳐和双鳍电鳐能发到 200 伏特，所以人若踩上埋在沙中的电鳐时，其电流的强度足够把一个成年人击倒。古希腊人早就了解电鳐，把它们称作麻醉者。古罗马医生用电鳐来治疗病人。

各种鱼的发电器官的基本结构是大致相同的，都由许多电板构成。电板薄而扁平，像盘形的薄饼。板的一面比较光滑，连着特化的神经；另一面有很多突起，连着血管，是营养丛。一个个电板有规则地重叠在一起，形成一叠钱币样的柱，柱又彼此相连。电鳐的每个柱有 1000 多块电板，总共有 2000 多条柱。发电器官占其体重的$\frac{1}{6}$；电鳗还要多，每条柱有 6000 ~ 10000 块电板，身体每侧有 60 条柱，它的发电器官占其整个身体容积的 40%。有趣的是，最早的伏打电池就是以鱼的发电器官为模型而设计制造出来的，是世界上第一个直流电源。

当鱼遇到紧急情况需要发电攻击时，它的视觉、触觉或其他感觉器官把信号通过神经传到脑部的延脑和邻近脊髓中的发电控制中心，该中心立即向发电器官发出命令，由于每个电板都和神经相连，故它们可以同步反应，电板彼此串联，就可以产生很高的电压，电柱又相互并联，就能产生很强的电流。鱼能随意控制放电、放电时间和强度，但若连续放电，鱼就会疲劳。如电鳐每分钟可放电 50 次，当然电压会逐渐降低，10—15 秒钟后就会完全消失，必须适当休息后才能继续放电。鱼的放电有两种类型，一是脉冲放电，一是连续放电。电鳗在觅食时，每秒能发 1500 个脉冲。就是同一种鱼在攻击时每秒钟放出的电从 2 个脉冲到 400 个脉冲不等。

鱼类的发电器官显然是一种防御和攻击武器。它能借电脉冲探查水下的黑暗世界，导航觅食，联络求偶，攻击、辨别其他鱼的种类和大小。当它们遇到捕食目标时，立即开动“发电机”，一刹那间，3～6 米范围内的鱼、虾、蟹等动物。有的被杀死，有的麻痹晕厥，然后统统被它捕而食之。有人从一条电鳐胃里发现它吃了一条近 1 千克重的鳗鲡和一条0.5 千克重的鲽，足见其发电器官的威力是相当大的。电鳗的电力还要厉害。渔民常是先把牛马等动物赶进水里使电鳗受惊而拼命放电，这些牛马被电击后往往是四肢麻木，疲惫不堪。电鳗也因连续放电而疲劳，此时渔民就趁机捕获这种美味食品。

你知道吗

电 鳗

电鳗，电鳗科的鳗形南美鱼类，学名为 Electrophoruselectricus。能产生足以将人击昏的电流。电鳗不是真正的鳗类，而与鲤形目的脂鲤类近缘。行动迟缓，栖息於缓流的淡水水体中，并不时上浮水面，吞入空气，进行呼吸。体长，圆柱形，无鳞，灰褐色。长可达 2.75 米，重 22 千克。背鳍、尾鳍退化，但占体全长近$\frac{4}{5}$的尾，其下缘有一长形臀鳍，依靠臀鳍的波动而游动。尾部具发电器，来源于肌肉组织，并受脊神经支配。